视频
U0612934

肉羊
高效养殖问答
一本通

马友记 ◎ 主编

中国农业出版社
北　京

作者简介

马友记（1976—），男，中共党员，农学博士，甘肃农业大学二级教授，博士研究生导师，兼任全国羊遗传改良计划专家委员会委员、中国畜牧兽医学会养羊学分会理事、中国畜牧兽医学会动物繁殖学分会理事、中国畜牧业协会羊业分会理事等，2016年入选甘肃省飞天学者特聘计划。

主要从事羊生产的教学、科研与推广工作，主持或参与完成省部级科研项目10余项，获省科技进步一等奖1项（第4完成人）、二等奖4项（分列1、2、3、6完成人），省级教学成果二等奖1项（第2完成人），出版专著《绵羊高效繁殖理论与实践》《北方养羊新技术》《绵羊标准化规模养殖图册》等10余部，在*Journal of animal science*、*Theriogenology*、*Animal*、《中国农业科学》《畜牧兽医学报》《草业学报》等期刊发表学术论文150余篇，培养研究生50余名。

本书有关用药的声明

编写人员

主　编　马友记　甘肃农业大学

编　者　李讨讨　甘肃农业大学

姜仲文　国家肉羊产业技术体系
永昌综合实验站

赵永聚　西南大学

魏彩虹　中国农业科学院北京畜牧
兽医研究所

当前，我国羊产业发展迎来了新的机遇与挑战，生产中饲料价格和养殖成本不断攀升，规模化企业产能持续释放，羊肉产品供需紧平衡状态缓解，活羊市场热度下降，养殖效益趋于平稳向好。面临羊产业结构调整转型升级的关键时期，及时关注提质、降本、增效等高效饲养技术，向养殖生产管理各环节要效益将成为产业发展的关键词和主旋律。

现代专业化养羊是以密集的技术为先决条件，只有掌握了先进的技术才会使养羊业处于主动地位，才能达到优质、高产、高效、低风险，才能取得较高的经济效益。如何基于当前我国养羊业实际情况，让产业迸发出新的活力和竞争力？如何利用现代专业化养羊新技术，提升我国养羊业整体生产水平？如何利用地方资源优势和特有模式，打造养羊特色产业？为此，我们组织有关专家编写了《肉羊高效养殖问答一本通》。

本书以问答的形式，回答了养羊生产实际中，羊场经营者和养殖户常遇到的100多个问题，包括养羊入门知识、肉羊杂交改良、繁殖调控、营养与饲料、疫病防治、经营管理等，同时录制了10个代表性问题的短视频，读者可通过扫描二维码观看。本书内容实用、科学，可操作性强，可作为农村知识青年、打工返乡者等创办羊场，以及肉羊养殖场（户）相关技术人员和经营管理人员阅读，也可以作为高素质农民培训的辅助教材和参考书。

本书在编写过程中，得到了许多同仁的关心和支持，谨致以诚挚的谢意！由于编者水平有限，书中疏漏和不妥之处在所难免，敬请读者批评指正，也恳请读者就书中的问题与我们进行探讨。

编　者

目　录
CONTENTS

二、羊的品种选择与杂交改良 ···················· 28

目 录

养羊入门知识

1. 养羊应当具备哪些条件？

养羊不仅是为市场提供优质量多的产品，还要获得较好的经济效益。特别是面临养羊新常态的情况下，要想养好羊至少应该具备下列条件。

（1）饲草料基地　在以放牧为主要饲养方式的情况下，植被覆盖率在80%以上的地区，每3～5亩*可饲养1只成年羊。通过草地改良、种植优质牧草、利用作物秸秆喂羊等，载畜量可以增加1倍以上。"兵马未动，粮草先行"，在以舍饲为主的饲养方式下，必须严格按照羊的营养需求储备足够的饲草料。

（2）有适合建羊舍的地方　羊舍所在地要求地势高燥、通风凉爽、冬暖夏凉，建舍时要求严格执行羊舍建设规范。

（3）水源　有清洁的饮水来源。

（4）饲养人员　必须通过培训或有一定的养羊实践经验。

（5）引种调种季节　一般来说，以深秋和冬季引种为宜，尽可能在潮湿多雨季节前让羊有6个月左右的适应期，这样种羊的成活率最高。另外，种羊迁入地区的环境条件（如气候、雨量、海

---

* 亩为非法定计量单位，1亩 ≈ 667米^2。——编者注

拔、牧草类型等）应与产地相近或相似，尽可能避免条件突变。引进的羊要经过兽医严格检疫。

（6）**适当的规模**　要根据饲养人员的管理水平和技术素质确定合理的饲养数量。实践证明多数农户兴办养羊场，基础羊群以不超过30只为宜，最好在15只左右。有条件、有能力饲养较大群体的农户或规模化羊场，可以扩大群体数量。这样，羊群的适应性、合群性、抵抗力等较好。同时要考虑饲草料、市场，不要片面追求规模，避免陷入"规模不经济"。同时，在饲养过程中，注意不要随意从外地或其他羊群购羊。

（7）**驱虫与免疫**　在进羊1个月左右，待羊群基本稳定、体质基本恢复时，要给羊群进行免疫接种，增强羊抵御疫病的能力，并对羊群进行一次全面的驱虫。

（8）**坚持每天数羊**　通过数羊，不仅可以随时掌握羊群数量的变化，熟悉本群羊的特征，而且可以及时发现羊群个体的运动状态、精神状态、排泄情况等的变化，及早处理。在放牧过程中要注意观察羊的采食、站立、运动等状态。

（9）**安全度过适应期**　引进的种羊在适应期内会出现不同程度的应激反应，一些条件性病原微生物亦可乘羊抵抗力下降而致病。种羊常见的应激反应为感冒、肺炎、角膜炎、口疮、腹泻、流产等，解决这些应激反应，除了对症处理外，更重要的是加强饲养管理，特别应注意圈舍等的清洁卫生，如有可能，可从产地带些牧草逐渐过渡，也可试用产地牧场土壤浸水喂服等。

2.开办养羊场应具备哪些条件？

（1）**市场条件**　对于羊场，如果市场条件优越，羊产品价格高，销售渠道通畅，生产资料充足易得，同样的资金投入和管理就可以获得较高的投资回报；否则，市场条件差或不了解市场变

化趋势，盲目扩大生产规模，就可能导致资金回报率低，甚至亏损。

（2）**资金条件** 羊的生产较为专业化，需要场地、羊舍、设备用具和种羊，还需要大量的饲料等，前期需要不断投入资金，且资金占用量大。目前建设一个存栏500只繁殖母羊的羊场需要投入200万元左右，如果是种用羊场，需要的资金更多。如果没有充足的资金和良好的筹资渠道，一旦出现资金短缺，羊场就无法正常运转。

（3）**技术条件** 投资开办羊场，技术是关键。羊场羊舍的设计、优良品种的引进与选择、环境和疫病的控制、饲养管理和经营管理等，都需要掌握相关养殖技术。如果不具备这些技术条件，就难以进行科学的饲养管理，不能维持良好的生产环境，不能进行有效的疫病防治，羊群的生产性能得不到充分发挥，会严重影响羊场经营效果。羊场规模越大，对技术的依赖程度越高。羊场的经营者必须掌握一定的养殖技术和知识，并且要善于学习；规模化羊场最好设置专职的技术管理人员，负责全场技术工作。

3. 羊场经营模式有哪些？

目前，我国养羊模式很多，有散养户模式、公司+养殖户模式、养殖小区、规模化养殖场（户）、养羊专业合作社和家庭牧场等。

（1）**散养户模式** 散养户模式是指羊的饲养数量在100只以下并以放牧为主的养殖模式（图1-1）。我国当前肉羊生产的主要模式仍是以家庭经营为主的小规模散养（饲养规模在100只以下），年出栏量占全国的80%以上，其中饲养规模在30只以下的占全国的比重在50%左右。据统计，2020年，全国肉羊养殖户共计1 098.75万户，其中年出栏100只以下的户（场）数达1 053.7万户，占总户（场）数的95.9%，而出栏100只以上的户（场）数仅占总数的4.1%。由此可见，我国肉羊生产集中度仍然很低。长期以来，广大农牧民一家一户小而散的粗放饲养模式，基本上表现为"小规模、大群体"，尚未形成科学饲养、标准化管理的生产模式。肉羊生产的传统粗放、量少、质差等特征，无法从源头上保证肉羊加工企业要求的原料品种优良、品质优秀、经济性状好等，造成生产销售中数量、质量的无法控制，难以进行标准化生产和打造优质品牌，资源优势形不成产业优势。这种生产方式也给重大疫病的防治带来巨大隐患，严重影响着畜禽良种、动物营养等先进肉羊生产技术的推广普及，表现为肉羊良种化程度低、羊肉生产时间长、商品率低、饲养成本高、胴体重小等方面，同时也使得生产者的养殖成本因规模小而偏高，没有实现规模经济。

图1-1　散养户模式

　　(2) 公司+养殖户模式　公司+养殖户模式是以较大规模养羊场为龙头，与养殖户在平等、自愿、互利的基础上签订经济合同，明确各自的权利和义务及违约责任，通过契约机制结成利益共同

体，企业向养殖户提供产前、产中、产后服务，并按合同规定收购农户生产的产品，建立稳定供销关系的合作模式。这种经营模式能使普通养殖户不断学习生产技术、规避风险。目前在全国许多养羊大省已涌现这种成熟的养殖模式，国家出台相关政策鼓励大规模的养羊企业采用这种模式。龙头企业把良种肉羊投放在农户家里饲养，企业提供技术，包括饲养管理、草料使用、配种、疫病防治等，肉羊饲养到一定年龄段后回收，农民获利，公司受益。

（3）**养殖小区**　养殖小区是指在适合养殖的地域内，由多个具有一定规模的养殖户，按照集约化、标准化的要求从事养殖活动的一种形式（图1-2）。养殖小区的建设和发展有利于实现养羊新技术、新成果的应用和普及，有利于动物疫病的防治，有利于环境保护，有利于实现肉羊产业的规模化持续发展，是新农村建设的重要内容。目前小区建设的投资方式和资金管理有三种：一是由养殖大户或企业投资建设，企业或大户提供场所，并提供适合当地饲养的品种和饲料，进行分散经营，经统一管理、育成后统一回收。二是采取村委会集体投资、农户联合投资与养殖户共

图1-2　养殖小区

同投资模式。三是股份制模式，以投资商为主、养殖场（户）为辅的模式，或中小养殖户与养殖场之间互相联合，形成股份制养殖小区。

（4）规模化养殖场（户）　规模化养殖场（户）是指饲养羊100只以上、以舍饲为主的养殖模式（图1-3）。可分为中小规模（饲养100～1 000只）和大规模（饲养1 000只以上）。近年来，规模化饲养比重逐年增加，特别是500～1 000只和1 000只以上的规模化养殖比重明显提升。据中国畜牧业协会羊业分会调查资料显示，近年来各地区万只甚至几万只以上的大型规模化羊场不断涌现，在当前市场行情下，企业希望通过规模化、标准化饲养，提升管理水平，提高养殖生产效率，降低养殖环节成本，延长产业链条，增加企业抵御市场行情波动的能力，增强企业行业竞争力。虽然规模化饲养比重不断提高，但散养户及小规模饲养仍是目前国内养殖业的主体，由于在近年的市场波动中，散养户和小规模饲养抵御风险的能力较弱，市场竞争力不足，因此部分中小养殖场（户）选择观望或者退出。

图1-3　规模化羊场布局示意

（5）**养羊专业合作社**　专业合作社是以农村家庭承包经营为基础，通过提供农产品的销售、加工、运输、贮存及与农业生产有关的技术、信息等服务来实现成员互助的组织，具有经济互助性（图1-4）。如甘肃环县充分利用养羊专业合作社，推行"1帮1带100"的技术帮带机制，以1个示范社帮带提升1个一般合作社，引领100户周边群众共同发展。2019年12月，环县入选全国农民合作社质量提升整县推进试点县。环县着力打造"甘肃省羊肉全产业链绿色循环发展第一县"，实现乡乡都有联合社，村村都有示范社。到2021年底，与产业关联的农户入社率达到100%，创建省级示范社125家，国家农民合作社示范社20家。

图1-4　养羊专业合作社

（6）**家庭牧场**　家庭牧场养羊是指以家庭成员为主要劳动力，从事肉羊规模化、集约化、商品化生产经营，并以养羊收入为家庭主要收入来源的养羊业经营主体（图1-5）。陕西省麟游县"闫怀杰养羊模式"是在推广麟游县桑树塬乡桑树塬村养羊户闫怀杰

图1-5　家庭牧场

养羊经验的基础上，探索总结出的适合农户家庭适度规模养殖的肉羊生产经营模式，具有投资少、风险小、见效快的特点。该模式是指每个农户饲养30只适繁母羊，当年繁殖、育肥出栏肉羊30只以上，每户年收入2万元以上。该模式主要是利用品质优异的肉羊品种波尔山羊作为终端父本杂交改良本地奶山羊，充分利用杂交改良后代初生重大、生长快（杂交一代比当地山羊增重高30%左右）、肉质鲜嫩、耐粗饲、抗逆性强等特点，采用波尔山羊饲养管理规范（母羊饲养管理技术规范，羔羊饲养管理技术规范，育成羊饲养管理技术规范，育肥羊饲养管理技术规范，种公羊饲养管理技术规范，青贮饲草调制及使用技术规范，青干草晒制技术规范，羊防疫技术规范）的配套技术，实行科学养羊，合理安排肉羊的生产计划，即当年8—9月配种，次年1—2月产羔，4—5月断奶，8—9月育肥，10—11月出栏（10月龄体重达到40千克以上），可实现当年产羔、当年育肥、当年出栏、当年获利。

4. 肉羊饲养方式有哪些？

肉羊的饲养主要有舍饲、放牧和"放牧+补饲"三种方式。舍饲是把羊圈在羊舍里进行饲养。放牧是把羊驱赶到天然或人工草地上进行饲养。"放牧+补饲"则是在放牧的基础上再给羊补喂饲料。

(1) 舍饲　舍饲也称圈养，就是把羊圈起来，通过人工或机械饲喂各类饲草料（图1-6）。舍饲养羊是相对于放牧养羊而言的，具有基础设施固定、饲养管理集中、资金投入大等特点。目前，农区普遍采用舍饲和半舍饲的养羊方式，能够充分利用农区丰富的秸秆资源，缓解草地资源和生态环境的压力。舍饲养羊具有受自然条件影响小、羊生长快、出栏早、周转快、繁殖率高等优点；缺点是有限的活动空间改变了羊的习性，集约化、高密度的饲养方式使得羊因缺少运动而造成体弱多病、肉质变差。

图1-6　舍　饲

在舍饲养羊的过程中，必须把握以下几点：

①参照科学的肉羊饲养标准、饲料营养成分表并依据常规经验，选用合适的饲草、饲料进行羊饲粮的配合。一般舍饲时，按照羊的品种、性别、年龄、体格大小、体质强弱等不同分群饲养，这样便于适时适量地给不同羊群饲喂不同的饲料。

②饲养员给羊喂料时需注意饲喂程序，即按"先粗后精"的原则，先喂秸秆或干草，再饲喂青草或青贮饲料，最后饲喂精饲料。一般每天饲喂2～3次，饮水1～2次。

③要注意饲料及饮水安全，不能给羊饲喂腐烂变质、农药残留污染严重或有毒的饲草料及冰冻饲料（待产母羊吃了带冰霜的饲草料会引起流产），应提供清洁的饮水。

④保持羊舍及周围环境清洁，并定期进行消毒。

（2）**放牧** 是指放牧人员把羊群赶到天然或者人工草地上，让羊自由采食的过程（图1-7）。用于放牧地的青草新鲜爽口、水分大、维生素含量高、营养丰富。与舍饲相比，放牧不仅可以减少劳动力，降低饲养成本，更重要的是有利于羊体健康，可减少疾病的发生。通过放牧也可形成"人管畜，畜管草"的两旺局面。

图1-7　放牧饲养

也就是说，一方面，放牧可减少劳动力，羊的活动范围增大，有利于羊的运动，增强体质；另一方面，羊吃草可以促进草的再生，而且羊在吃草的过程中将产生的粪尿排到草地上，可作为植物的肥料，有利于牧草的生长。

放牧时要因时制宜、因地制宜选择合适的放牧队形与放牧方式。一般在理想的放牧条件下，羊的放牧队形有"一条鞭"和"满天星"两种主要形式。在地势平坦，植被较均匀的地区和春季牧草萌芽时节多采用"一条鞭"放牧队形，即让羊群排成"一"字队，可分2～3排，放牧人员一前一后控制羊群的前行速度。这样使羊齐头并进，每只羊都可以吃到新鲜的牧草。在陡坡地带、植被分布不均的区域一般采取"满天星"放牧队形，即让羊群在一定范围内自由分开吃草，每只羊占有较大的草地面积。放牧人员应根据不同地区草的营养状况、草地地貌和不同季节，采取不同的放牧方式。

①自由放牧：主要适用于农牧交错地带的小型散养户及一些较陡的荒草地。

②小区轮牧：即把牧区划分为一定面积的各个小区，让羊群在每个划定区域里依次轮流放牧。这种方式对草地修复起重要作用，而且可使羊少走路多吃草、少消耗多长肉。

③围栏放牧：就是把羊群围在一定区域内，让羊在该区域内自由采食。

在放牧过程中，应注意以下几点：

首先，放牧人员需提前预测哪些地段的草场适合放牧，牧草地面积的大小及草地地形情况。

其次，要查看草地附近有无水源等。

此外，放牧时，放牧人员要做到"三勤"（腿勤、眼勤、嘴勤）、"四稳"（出牧稳、放牧稳、收牧稳、饮水稳）、"四看"（看地形、看草场、看水源、看天气），具体就是：放牧期间要随时清点羊的数量，谨防部分弱羊（主要是病羊、羔羊、待产母羊）掉队；检查羊群发病情况，发现羊有不正常的情况要及时判断并采取相应措施。农区放牧地多为草山草坡、田埂地头、路旁林下，这时放牧人员需要在羊群周围来回走动，控制羊群的前进方向，避免羊进入农田或用于刈割的牧草地。放牧人员需时刻注意天气变化，以防天气骤变造成损失等。

（3）放牧+补饲　是指在放牧的基础上根据季节不同，以及羊的体况、性别不同，适当给羊补充饲料，以保证羊的营养全面、健康生长（图1-8）。放牧+补饲结合了传统放牧和舍饲的优点。

图1-8　放牧+补饲

北方养羊有"夏饱、秋肥、冬瘦、春死亡"的特点，牧草在不同季节的生长差别很大，夏秋季牧草鲜嫩、籽实丰硕，冬春季是枯草期，青黄不接。饲养员要根据不同季节给羊补饲等。另外，还要根据羊的生理阶段进行补饲，如对生长期羔羊、配种期公羊、繁殖期生产母羊等都需要进行补饲。

放牧羊群在归牧后要补饲一次粗饲料，有时还要根据需要补饲一定量的精饲料。补饲精饲料的方法是将精饲料加入粉碎切段的秸秆中，混匀并用水拌湿进行饲喂。精饲料每天的补饲量为0.4千克左右，一般分3～4次喂完。遇到不能放牧的雨雪天气，每天至少要给羊群补饲2次。冬季给羊饲喂青贮饲料，一定要现取现喂，注意不要喂结冻料和霉变料。母羊产羔前半个月要少喂或停喂青贮饲料。一些块根块茎类饲料要单独饲喂或者与精饲料混合饲喂，喂前要把块根、块茎上的泥土洗去，切去霉烂部分，剩余部分切成块状或条状。还要给羊饲喂一定量的食盐和矿物质，方法是把它们均匀地拌到精饲料里饲喂，也可以购买质量较好的舔砖，悬挂在羊够得着的地方让其自由舔食。要根据羊的生理阶段进行补饲，如羔羊、种公羊要补饲胡萝卜或一些维生素添加剂。

5. 如何选择肉羊养殖经营模式？

选择肉羊养殖经营模式，主要从以下几个方面考虑：饲草资源、劳动力、资金、政府支持力度。

(1) 饲草资源　据统计，散养肉羊平均需要饲养195天才能出栏，每只羊大约要消耗精饲料68.05千克、耗粮48.79千克（数据来源于《全国农产品成本收益资料汇编2019》），耗费牧草、农作物秸秆、青贮饲料等粗饲料资源约200千克。若想适度扩大规模以实现规模经营，则需要数量更大的饲草料资源，因此在选择养殖经营模式时，需充分考虑当地的饲草料资源。

(2) 劳动力　畜牧业是劳动密集型产业，在肉羊生产过程中需要大量的饲养管理人员。在生产经营上不仅对员工的数量有要求，而且对员工的素质也有要求，规模越大的肉羊养殖场对员工的素质要求越高。如果员工的技术水平和思想素质高，则有利于扩大经营规模；否则，不利于扩大规模。

（3）资金　在肉羊生产经营上，需要购买种羊和饲料、雇佣工人、购买机械、建设羊舍等，这些都需要资金。其中建设羊舍、购买种羊和饲料需要大量资金，而且，肉羊养殖场还必须有一定的流动资金。所以，肉羊养殖场的运营必须有一定的资金做保障。

（4）政府支持力度　除了以上因素外，政府对肉羊产业的支持力度也会对肉羊生产经营产生很大影响。目前，政府对农业的支持力度很大，许多地方政府专门出台了支持养羊业发展的相关政策，特别是加大了对育种、繁育、饲料、圈舍设计、育肥、防疫等相关技术的研发及基础设施建设的投资，对于肉羊养殖经营发展具有积极影响。

6. 影响肉羊养殖方式的因素有哪些？

不同的肉羊养殖方式具有不同的特点，各养殖场（户）应根据不同的情况，因地制宜地选择合适的养殖方式。影响肉羊养殖方式的因素很多，可以归纳为以下几类：饲草料资源、经济效益的驱动、技术能力的支持和政府扶持力度与引导。

（1）饲草料资源　在所有影响养殖方式的因素中，饲草料资源起主要作用，特别是天然草场资源的丰富性。天然草场资源能提供廉价的饲料，降低肉羊生产成本。由于各个地区地理条件的差异，不同地区饲草料资源差异很大，如牧区拥有丰富的天然草场；而农区却几乎不存在天然草场，但拥有大量的农作物秸秆资源。拥有丰富天然草场资源的地区，一般采用放牧模式，也可采用放牧+补饲、暖季放牧+冷季舍饲的养殖方式，但是基本是依靠放牧养殖肉羊。天然草场相对匮乏的地区，一般采用舍饲，也可通过人工种植牧草来培育人工草地，在牧草生长旺盛阶段采用放

牧+补饲的养殖方式，或者直接刈割牧草喂羊。

（2）经济效益的驱动　肉羊生产以追求高的经济效益为目的。因此，从事肉羊生产的经营者通常通过扩大养殖规模、增加资金投入以及生态养殖来增加经济效益。扩大养殖规模、增加资金投入是增加经济效益最直接的方法。在规模化羊场进行放牧管理难度大大增加，以舍饲为主的养殖方式是最为实用的，这种养殖方式比较适合饲养绵羊。随着人们生活水平的提高，对食品品质的要求也逐渐提高，而放牧是增加羊肉品质最直接的方法，通过采用放牧+补饲的方法生产优质羊肉，不仅可以在市场竞争中占据有利条件，同时能够取得较高的经济效益，还可有效利用农作物秸秆，减少因焚烧秸秆对环境造成的污染。

（3）技术能力的支持　技术能力同样是影响养殖方式的重要因素之一。肉羊养殖场面临的生存环境具有不确定性，其能否盈利的关键在于对市场趋势的适应性和对变化的客户需求的反应能力，使得养殖场经营战略的本质不仅仅取决于产品和市场结构，更重要的是自身的技术能力。因此，技术能力是养殖场竞争优势的来源，包括羊的饲养管理、育种、繁殖、疫病防控、屠宰加工等技术，还包括品牌创建、羊场经营管理等方面的技能。

（4）政府扶持力度与引导　目前，为了保护草原生态环境，政府采取了一系列的措施，如"禁牧""轮牧""休牧"和人工草场补贴，以及政府大力推行的牧民定居工程，鼓励牧民实行舍饲养殖，对舍饲棚圈进行补贴等。由牧区养殖为主、农区养殖为辅转为农区养殖为主、牧区养殖为辅是未来的发展趋势。为了促进畜牧业经济的发展，需要转变畜牧业的生产方式和增长方式，在天然草场资源丰富的牧区采用暖季放牧+冷季舍饲圈养的养殖方式，在农区以发展全舍饲的养殖方式为主，适度合理扩大养殖规模，降低生产成本。

7. 我国羊遗传改良现状如何？

近些年，我国羊遗传改良工作积极推进，开启了羊种业发展的新局面。

（1）育成了一批新品种　目前，列入《国家畜禽遗传资源品种名录》（2021）的羊品种共167个，其中绵羊89个、山羊78个。育成新品种10个，这些育成品种特性明显、生产水平高、适应性强，在提高我国羊生产水平和产品品质上发挥了积极作用。

（2）良种繁育体系逐步完善　与羊产业区域布局相适应，初步建立了以种羊场为核心、以繁育场为基础、以质量监督检验测试中心和性能测定中心为支撑的良种繁育体系。截至2022年底，全国有绵羊种羊场823家，山羊种羊场449家，遴选国家肉羊核心育种场47家，性能测定中心（站）和绒毛质量监督检验测试中心各3个。

（3）生产水平稳步提升　羊出栏率由1980年的23%提高到2019年的105.4%，胴体重由10.5千克提高到15.4千克。细毛羊个体产毛量明显提高，羊毛主体细度由20世纪90年代的64支提高到目前的66支以上。绒山羊产绒量明显提高，羊绒品质保持优良。2015—2020年，全国奶山羊300天泌乳期平均产奶量从450千克增加到500千克。

虽然我国肉羊遗传改良工作取得了较大的成绩，但与新阶段肉羊产业发展的实际需求相比，仍存在一些亟待解决的突出问题。一是基础工作滞后。选育和杂交利用工作缺乏有效的规划与指导。品种选育手段落后，良种登记、性能测定、遗传评估等基础工作尚未系统开展。部分品种改良方向和技术路线不明确，无序混乱杂交现象比较严重。二是软硬件条件较差。大部分种羊场育种基础设施和装备落后，育种技术力量不足，核心群体规模小，种羊

质量参差不齐，生产性能不高。三是良种培育进展缓慢。良种繁育体系不健全，选育效率较低，地方品种的优良特性没有得到有效挖掘。国产肉用专门化品种数量少、性能不高，育种核心种源依赖进口的局面未从根本上扭转。

8.2016年农业部主推的羊品种有哪些？

为贯彻落实中央农村工作会议、全国农业工作会议精神，加快农业科技成果转化与推广应用，提升农业科技对产业发展的贡献度，推进农业"提质增效转方式、稳粮增收可持续"，根据农业部《农业主导品种和主推技术推介发布办法》，2016年共遴选了10个羊的品种（包括肉用、毛用、绒用、奶用品种）。

（1）杜泊羊　适宜内蒙古、新疆、甘肃、宁夏、陕西北部、辽宁、吉林、黑龙江、山东、河南、河北、山西、江苏、安徽及贵州等地养殖。

（2）波尔山羊　适宜在我国山羊分布区养殖。

（3）德国肉用美利奴羊　适宜在新疆、甘肃、青海、内蒙古、辽宁、吉林、黑龙江等细毛羊生产区养殖。

（4）小尾寒羊　适宜北方农区和半农半牧区养殖。

（5）湖羊　适宜浙江省湖州、桐乡、嘉兴、长兴、德清、海宁、杭州等地养殖，近年江苏、上海、安徽、河南、山东、陕西等地区也有不同规模的饲养量。

（6）辽宁绒山羊　适宜我国北方各省、自治区饲养绒山羊的地区养殖。

（7）内蒙古白绒山羊（阿尔巴斯型）　适宜我国北方各省、自治区饲养绒山羊的地区养殖。

（8）新吉细毛羊　适宜在我国西北、东北等牧区、半农半牧区养殖。

（9）**高山美利奴羊**　适宜在我国青藏高原寒旱草原生态区及其类似地区推广养殖。

（10）**萨能奶山羊**　适宜陕西、山东、山西、河南、河北、辽宁等省份养殖。

9.2023年农业农村部主推的羊品种有哪些？

农业农村部组织遴选出2023年农业重大引领性技术10项、主导品种143个、主推技术176项，其中肉羊主导品种2个。

（1）**鲁中肉羊**　适宜山东、新疆、内蒙古、黑龙江、湖南、江苏、河北、山西等20个省（自治区）养殖。

（2）**云上黑山羊**　适合在我国南方山羊养殖主产区推广。

10.全国羊遗传改良计划（2021—2035年）的主要内容是什么？

（1）**总体思路**　坚持本品种持续选育和新品种培育并重，立足自主创新，以提高生产性能和产品品质为主攻方向，构建以市场需求为导向、以企业为主体、产学研深度融合的创新机制，完善以国家羊核心育种场为主体的良种繁育体系，持续加强育种基础性工作，加大科技支撑力度，不断提升羊种业质量、效益和竞争力。

（2）**总体目标**　到2035年，建设一批高水平的国家羊核心育种场，广泛应用表型精准性能测定、基因组选择等新技术，建成一流水平的羊遗传评估技术平台；现有品种主要生产性能显著提高，培育一批新品种、新品系，主导品种综合生产性能达到国际先进水平；打造具有国际竞争力的种羊企业，建立完善的繁育体系和以企业为主体的商业化育种体系，支撑和引领羊产业高质量发展。

（3）核心指标

①主导肉羊品种肉用性能和繁殖性能分别提高20%及15%以上。

②重点选育的细毛羊、半细毛羊产毛量提高10%；绒山羊产绒量提高10%，羊绒细度16微米以下。

③重点选育的乳用羊产奶量提高20%以上。

（4）技术路线

1）肉羊　地方品种重点对生长发育、繁殖和肉品质等性状开展选育。对规模较大、有一定选育基础的地方品种杂种群体，制订选育计划，开展新品种培育。培育品种开展持续选育，重点提高繁殖性能、肉用性能和饲料转化率，持续提高种群供种能力和市场竞争力。引进品种开展系统性联合育种，加快本土化选育和种群扩繁，缩小与国际一流水平的差距，大幅提升自主供种能力。

2）毛（绒）用羊　在细毛羊和半细毛羊选育上，重点提高羊毛产量、羊毛综合品质和群体整齐度，兼顾肉用性能和繁殖性能。持续开展联合育种，提高品种登记和性能测定信息化、智能化水平，增强供种能力。在绒山羊选育上，重点提升羊绒品质和羊绒产量，改善群体整齐度，完善品种登记和性能测定，保持和巩固绒山羊种业国际竞争优势。在地毯毛羊和裘皮羊等其他用途羊选育上，深入挖掘优良特性，加强本品种选育。

3）乳用羊　重点提高产奶量、乳品质和泌乳持久力，乳用绵羊兼顾肉用性能和繁殖性能，开展产奶性能测定，推进联合育种。

（5）重点任务

1）加强育种体系建设

①主攻方向：组建高质量羊育种核心群，建立相对完善的商业化育种体系。

②主要内容：一是优化国家羊育种核心群结构和布局，采用企业申报、省级畜禽种业行政主管部门审核推荐的方式，遴选一

批以地方品种、引进品种和培育品种为核心群的国家羊核心育种场。完善管理办法和遴选标准，加强管理。二是持续推进商业化育种，重点开展主导品种的联合育种，支持联合体、协作组、联盟等联合育种组织发展，推进建立联合育种创新实体。三是引导和培育一批技术实力强、运行管理规范的社会化育种服务组织，为遗传改良工作提供支撑。

③预期目标：遴选国家羊核心育种场数量达到100家，形成基础母羊20万只的育种核心群；建成相对完善的联合育种机制，打造具有国际竞争力的羊种业企业3～5家。重点培育主导品种10个。

2）完善性能测定体系

①主攻方向：建立完善的性能测定体系，构建羊育种数据库。

②主要内容：一是完善种羊登记制度，修订种羊登记技术规范，在国家羊核心育种场全面开展品种登记。二是研发表型精准测定技术与装备，建立表型精准测定技术体系。三是建立健全种羊性能测定规范，完善生长发育、肉质、繁殖、毛绒、乳用等性状测定规范，建立饲料转化率、抗逆性等测定规范。四是培养专业的测定员队伍，实现规范管理，全面开展场内性能测定。

③预期目标：国家羊核心育种场种羊品种登记实现全覆盖，每年种羊性能测定数量达到40万只以上，大幅提升育种数据采集能力。

3）提升育种自主创新能力

①主攻方向：建设国家羊遗传评估中心和基因组选择技术平台。

②主要内容：一是建立国家羊遗传评估中心，构建遗传评估模型，定期发布遗传评估结果，指导企业实施精准选育。二是建立羊基因组选择育种平台，分类组建高质量参考群体，开发基因组评估方法，在国家羊核心育种场逐步推进基因组选择技术的应用。

③预期目标：建成国际一流水平的羊遗传评估技术平台，基因组选择等育种新技术在国家羊核心育种场得到普遍应用。

4）加强遗传资源开发利用

①主攻方向：羊重要性状关键基因挖掘和新种质创制。

②主要内容：一是根据羊优势产区布局和遗传资源现状，确定重点选育品种，制定选育方案，开展持续选育。二是系统挖掘地方羊优异性状关键基因，创制新种质。三是综合应用现代繁殖新技术，高效扩繁优异种质。

③预期目标：选育提升生产性能突出、推广潜力大的现有品种30个，满足多元化种源需求；挖掘一批重要性状关键基因，创制羊新种质资源。

5）加强羊种源垂直传播疫病净化

①主攻方向：重点净化以布鲁氏菌病为主的羊种源传播疫病。

②主要内容：一是完善国家羊核心育种场环境控制和管理配套技术，建立更加严格、规范的生物安全体系，提高疫病防控和净化能力，确保种羊质量。二是完善准入管理，将布鲁氏菌病等主要疫病监测结果作为国家羊核心育种场遴选和核验的考核标准。三是建立生物安全隔离区，加快推进国家羊核心育种场疫病净化，创建无疫区、无疫小区或净化示范场，加强核心种羊资源的保护。

③预期目标：国家羊核心育种场率先达到农业农村部动物疫病防控的有关要求。

11. 我国肉羊养殖存在哪些问题？

与国外肉羊养殖趋势相比，我国肉羊养殖还存在以下问题：

（1）品种问题　到目前我国尚未培育出一个公认的专门化肉羊品种，已有品种普遍存在良种化程度不高、生产力水平低。

视频1

（2）**饲养技术问题** 受传统牧羊习惯的影响，农户常把不同年龄、性别和不同体质的羊混养，既不能满足不同个体生长发育的需要，又不利于产品质量的提高，甚至会引起品种退化；缺乏完善的繁育体系和社会化服务体系，在草场改良及基础设施建设、良种繁育体系、疫病防治、饲料供应、产品加工贮运、销售等方面均需要改进。

12. 怎样计算肉羊养殖效益？

正常情况下，一只母羊两年产三胎，每胎产2只羔羊，平均每年产3只羔羊。以180天出栏、每只体重40千克、活羊售价每千克25.00元计算，3只羔羊育肥后可收入3 000元，扣除成本1 992.50元，其中母羊成本912.50元，3只羔羊成本1 080.00元，即可计算1只母羊1年可收入1 007.5元。如果一个家庭养10只母羊，则1年可出栏30只商品肉羊，获纯收入超过1万元，加上毛皮、粪的收入，是一笔可观的收益。

13. 肉羊产业发展的趋势如何？

（1）**发展肥羔生产、提高羊肉质量** 羔羊在生后最初几个月内，生长快、饲料转化率高、养殖成本低，肉质细嫩多汁，瘦肉多、脂肪少、易消化，且肥羔生产周期短、周转快、经济效益高，很受国内外市场欢迎，发展迅速。由于肥羔是生长和育肥同时进行的，出生不久的羔羊含骨比例高、脂肪比例低，随着生长发育到成熟，脂肪比例变大，骨的比例变小，年龄越大，脂肪含量越高。羔羊月龄小时，四肢肌肉发育快，随着日龄增长体躯各部位的肌肉也随着增长，到断奶后其肌肉发育在机能上已接近成年羊。从羊机体的化学组成看，刚出生不久的羔羊，肉中的蛋白质和水

分含量最高，随着年龄的增长水分及蛋白质的含量相对下降而脂肪含量则上升。18月龄时绵羊生长已定型，其肥度在低度时，肌肉组织和容积才能随育肥而增长；当肥度由中等转入高度时，其肌肉组织和容积基本保持不变，所增加的是脂肪。据测定，生产1千克脂肪比生产1千克肌肉需消耗更多的能量。所以，在肥羔生产中，要求开始育肥的羊月龄不宜过大，否则即不经济。由此可见，羔羊育肥比成年羊育肥，胴体质量好、成本低，羔羊育肥技术值得在羊肉生产中推广。

（2）早期断奶，集中育肥　　羔羊的早期断奶是在常规2～3月龄断奶的基础上，将哺乳期缩短到40～60天，利用羔羊在4月龄内生长速度最快这一特性，将早期断奶后的羔羊进行强度育肥，充分发挥其生长优势，以便在较短的时间内达上市体重。

早期断奶有如下好处：一是可以缩短母羊的哺乳期，使母羊尽快复壮发情，加快繁殖速度，将原来的一年一产转变为两年三产，增加产羔数。二是利用羔羊早期生长发育快、饲料转化率高、经济效益好的特性，缩短羔羊的饲养周期，加快羊群的周转。

羔羊集约育肥也就是在羔羊断奶后，实行集约化强度育肥或放牧育肥。集约化育肥是以精料、青干草、添加剂组成育肥日粮进行舍饲育肥，一般是在专门化育肥场进行。按育肥体重或育肥日期，成批育肥，定时出栏，每年育肥4～6批，每批育肥60天，轮流供应市场。放牧育肥是将断奶羔羊在优质人工草场自由放牧，并补饲一定数量的干草、青贮饲料和精饲料，达到一定体重时即出栏销售。一些国家推行羔羊断奶后便进行剪毛，然后开始育肥，剪毛后有利于促进生长，增加出栏体重。

（3）地方品种的合理开发利用　　我国拥有丰富的羊地方优良品种和培育羊种资源，它们都是对当地生态环境高度适应的类群，都具有某种优良特性，如小尾寒羊、湖羊的高繁殖力及蒙古羊、滩羊、藏羊的耐粗饲和高抗病力等，选择这些品种作为肉羊生产中经济杂交的母本，可充分利用其优点。目前，对小尾寒羊的开发利用就是一个很好的例子。充分利用小尾寒羊多胎高产、早期生长速度快、适应性强等优点，以引入的肉羊良种为父本，以小尾寒羊为母本，利用杂种优势进行肉羊生产。另外，要继续进行地方品种的选育提高，要在充分认识地方品种的优缺点以后加以合理利用，这是提高肉羊生产效益的必由之路。发展我国的肉羊业离不开对地方品种的合理开发利用。

（4）**培育我国的肉羊品种**　引进国外品种只是我国肉羊起步阶段的权宜之计。培育本国肉羊品种，是保持肉羊产业可持续发展的战略措施。在培育我国肉羊品种方面，南江黄羊的成功培育开了一个好头。近年来，我国引入的国外肉羊优良品种较多，并根据各地的实际情况与当地品种开展了卓有成效的杂交利用，应在大面积杂交的基础上，在生态经济条件和生产技术条件比较好的地区或单位，通过有目的、有计划的选育，培育出适应我国不同地区生态条件的若干个各具特色的、早熟、高产、多胎和抗逆性强的专门化肉用新品种。

（5）**提高羊肉加工水平**　羊肉加工环节是肉羊生产中的重要一环。我国现有机械化和半机械化牛羊加工企业约有200家，相对来说大型企业少、中小型企业多，屠宰加工设备和工艺水平参差不齐，相当一部分企业设备陈旧、技术装备不完善，且工艺水平落后，加工产品的品种及质量不能满足市场的需要。羊肉加工企业应积极进行技术设备的改造升级，提高工艺水平，丰富羊肉产品种类，严格执行屠宰加工过程中的各种规范要求，确保羊肉产品质量。

（6）**规模化、集约化养羊**　规模化、集约化养羊是肉羊业发展的必然趋势。有规模才能有效益，集约化生产才能充分利用先进的生产技术或工艺，提高肉羊生产效率，促进肉羊业发展。规模化、集约化是一个渐进发展的过程，不可能在短时间内迅速实

现，不同的地区应立足当地的资源与市场需求，以经济效益为中心，实施规模化、集约化养羊。

14. 在农村办养羊场需要什么手续？

（1）申请建立规模化畜禽养殖的企业或个人，无论是农村集体经济组织、农民和畜牧业合作经济组织还是其他企业或个人，需经乡（镇）人民政府同意，向县级畜牧主管部门提出规模化养殖项目申请，进行审核备案。

（2）当地农村集体经济组织、农民和畜牧业合作经济组织申请规模化畜禽养殖的，经县级畜牧主管部门审核同意后，乡（镇）自然资源，所要积极帮助协调用地选址，并到县级国土资源管理部门办理用地备案手续。涉及占用耕地的，要签订复耕保证书，原则上不收取保证金或押金；原址不能复耕的，要依法另行补充耕地。

（3）其他企业或个人申请规模化畜禽养殖的，经县级畜牧主管部门审核同意后，县（市）、乡（镇）国土资源管理部门积极帮助协调用地选址，并到县级国土资源管理部门办理用地备案手续。其中，生产设施及绿化隔离带用地占用耕地的，应签订复耕保证书，原址不能复耕的，要依法另行补充耕地；附属设施用地涉及占用农用地的，应按照规定的批准权限和要求办理农用地转用审批手续。

（4）规模化畜禽养殖用地要依据《农村土地承包法》《土地管理法》等法律法规和有关规定，以出租、转包等合法方式取得，切实维护好土地所有权人和原使用权人的合法权益。县级国土资源管理部门在规模化畜禽养殖用地有关手续完备后，及时做好土地变更调查和登记工作。因建设确需占用规模化畜禽养殖用地的，应根据规划布局和养殖企业或个人要求，重新相应落实新的养殖用地，依法保护养殖企业和个人的合法权益。

15. 今后一段时间内我国羊产业布局的重点是什么？

今后，我国将巩固发展中原产区和中东部农牧交错区，优化发展西部产区，积极发展南方产区，保护发展北方牧区，积极推进标准化规模养殖，不断提升肉羊养殖良种化水平，提升肉羊个体生产能力，大力发展舍饲半舍饲养殖方式，加强棚圈等饲养设施建设，做大做强肉羊屠宰加工龙头企业，提升肉品冷链物流配送能力，实现产加销对接，提高羊肉供应保障能力和质量安全水平。

（1）中原产区和中东部农牧交错区　要加大地方肉羊品种杂交改良利用，推行适度规模舍饲养殖，采取龙头企业/合作社经营模式，加强屠宰加工和冷链配送能力建设，推广人工授精、青贮饲料生产、农作物副产物综合利用、规模化育肥与优质肥羔生产等技术。

（2）西部产区　要加强地方优良肉羊品种保护和改良利用，提高肉羊繁殖率和成活率，推进配合饲料的商品化供给，提高综合生产能力和市场竞争力，推广区域内自繁自育的养殖模式和舍饲半舍饲、人工草地建植等技术。

（3）南方产区　要保护开发当地肉羊良种资源，加快建设肉羊品种改良体系，推进南方草山草坡改良利用，推广牧草和经济作物副产物青贮加工利用、山羊适度规模高床舍饲配套等技术。

（4）北方牧区　要加强地方优良肉羊品种保护利用，坚持生态优先、因地制宜推行草原禁牧、划区轮牧、草畜平衡等制度，推广标准化暖棚建设、藏羊标准化养殖、标准化屠宰、人工草地建植、天然草地改良等技术。

16. 国家肉羊全产业链标准化生产技术研发的核心技术与内容是什么？

（1）肉羊选育及扩繁标准化技术 研发肉羊主要经济性状表型值测定的设备和技术方法，制定技术规程，提高表型数据测定的准确性和智能化程度；制定肉羊选育及育种工作技术规范，开展发情调控、人工授精和胚胎移植的轻简化技术研究；集成和示范肉羊高频高效繁殖调控技术，制定相应技术规程。

（2）肉用羊饲养标准的制定及饲料数据库的建立 整理和完善"十三五"期间阶段性研究结果，制定我国的肉羊绵羊饲养标准；综合利用体内法、半体内法和体外法，建立饲料营养价值的评价体系；构建单一饲料有效能和小肠可代谢蛋白的估测模型。

（3）肉羊疫病防控技术标准化与示范 开展肉羊烈性疫病（口蹄疫、小反刍兽疫等）防控技术集成与示范；肉羊繁育阶段常见普通病防治技术集成与示范；肉羊寄生虫病综合防治技术示范。

（4）羊肉加工标准化技术 集成已有羊肉产量与品质协同提高的标准化技术，建立羊肉加工适宜性评价标准，研发标准化的分级分割产品；开展羊肉新鲜度快速检测技术研究，建立羊肉新鲜度预测模型，研发冷鲜羊肉新鲜度快速检测标准；制定冷冻羊肉解冻技术规范和食用血粉产品标准。

（5）肉羊环境与产业经济标准化技术 开展肉羊标准化生态养殖关键技术研究；肉羊标准化羊场优化设计、配套设施应用与环境控制技术研究；羊肉品牌化、产业集聚与可持续发展研究。

二、

羊的品种选择与杂交改良

17. 我国用于生产羊肉的主要良种羊有哪些？

　　我国用于生产羊肉的良种羊有三类，第一类为引进良种，包括无角陶赛特羊、萨福克羊、特克塞尔羊、杜泊羊、澳洲白羊、南非肉用美利奴羊、德国美利奴羊、波尔山羊；第二类为育成品种，主要有巴美肉羊、鲁中肉羊、云上黑山羊、黄淮肉羊等；第三类为地方品种，包括小尾寒羊、湖羊、多浪羊、蒙古羊、滩羊、西藏羊等。

视频2

18. 肉用羊品种的基本特征有哪些？

　　(1) 肉用体型明显　体躯宽、深、长而圆，头短小，颈短圆，臀丰满，四肢粗短，后视呈倒U形，侧视呈方形或长方形。

　　(2) 早熟性好　肉用羊一般4～6月龄即可达到性成熟并可发情配种，比其他用途羊早2个月以上。

　　(3) 增重快　羔羊生长发育快，3～6月龄的平均日增重多在

200g 以上，有些可达 250g 以上。

(4) **出栏早**　羔羊 4 ～ 6 月龄即可出栏上市。育肥羊经过 1 ～ 2 个月的快速育肥，即可达到出栏的育肥体况。

(5) **繁殖力高**　肉羊具有四季发情、长年配种、多胎多产、保姆性强、泌乳力高的特点，一般两年产三胎或三年产五胎，每胎产羔 2 ～ 3 只，产羔率多在 180% 以上，年繁殖率多在 300% 左右。高繁殖力是肉羊品种应兼有的优良特性之一，这样有利于安排合理的产羔与产肉季节，以及提高羊肉的生产效率。

(6) **产肉性能佳**　一般屠宰率应达 50% 以上，净肉率应达 42% 以上，胴体净肉率应达 75% 以上。

(7) **肉质优**　肉质细嫩，多汁蛋白质含量较多，脂肪含量适中（脂尾羊稍多），胆固醇含量低，大理石纹明显，营养丰富，不膻不腻，香味浓，口感好、易消化，嗜食性佳。

(8) **饲养条件要求较高**　由于肉羊生长发育、增重繁殖等生产性能较高，所以比其他用途羊所需要的饲草、饲料等饲养条件也要高，通常舍饲育肥和半舍饲半放牧育肥是肉羊最适宜的饲养方式，放牧育肥方式仅限于少数品种或放牧条件优良的局部地区，多数肉羊品种难以尽快适应较差的放牧条件。良种还需良养，才能发挥良种的生产潜力。

19. 从境外引进种羊和遗传物质应当具备哪些条件？

(1) 引进的目的明确、用途合理。

(2) 符合畜禽遗传资源保护和利用规划。

(3) 引进的种羊和遗传物质来自非疫区。

(4) 符合进出境动植物检疫和农业转基因生物安全的有关规定，不对境内畜禽遗传资源和生态环境安全构成威胁。

20. 从境外引进种羊和遗传物质应当提交哪些材料？

应当向所在地的省、自治区、直辖市人民政府畜牧兽医行政主管部门提出申请，并提交畜禽遗传资源买卖合同或者赠与协议。同时还应当提交下列材料：

（1）种畜禽生产经营许可证。

（2）出口国家或者地区法定机构出具的种畜系谱。

（3）首次引进的，同时提交种羊的产地、分布、培育过程、生态特征、生产性能、群体存在的主要遗传缺陷和特有疾病等资料。

21. 无角陶赛特羊的品种特点是什么？

（1）**原产地**　无角陶赛特羊原产于澳大利亚和新西兰。

（2）**育成简史**　无角陶赛特羊是以考力代羊为父本、雷兰羊和有角陶赛特羊为母本杂交，杂种羊再与有角陶赛特公羊进行回交，然后选择无角后代培育而成。

（3）**外貌特征**　公、母羊均无角，颈粗短，胸宽深，背腰平直，躯体呈圆桶状，四肢粗壮，后躯丰满。被毛白色，颜面、眼周、耳朵和四肢下端为褐色（图2-1）。

（4）**生产性能**　无角陶赛特羊生长发育快，早熟，全年发情配种产羔，产羔率137%～175%。经过4个月育肥的羔羊胴体重，公羔为22.0千克，母羔为19.7千克。成年公羊体重90～110千克，成年母羊体重65～75千克，剪毛量2～3千克，胴体品质和产肉性能较好。在一些国家，将无角陶赛特羊公羊作为生产反季节羊肉的专门化品种。

（5）**利用效果**　20世纪80年代以来，我国很多省份都先后引

图2-1　无角陶赛特羊

进了无角陶赛特羊，从适应性和杂交改良效果来看，该品种羊在引入地区适应性良好，不挑食、采食量大、上膘快。但在以放牧为主的地区则要注意放牧方法和技巧，不能驱赶太快，也不宜放牧太远。作为优秀的肉羊品种之一，其杂种羔羊表现出长肉快、出肉多、容易成活等特点。甘肃省于2000年年初引进无角陶赛特羊，饲养在河西走廊荒漠绿洲的永昌县，近几年来，该品种公羊杂交改良甘肃本地绵羊效果明显。据研究表明，无角陶赛特与蒙古羊、当地土种羊及引入的小尾寒羊杂交，杂种羔羊生长速度快、羊肉品质好，6月龄羔羊体重一般在38千克左右，出肉19千克，饲养杂种羔羊每只可增加收入70元左右。

22. 萨福克羊的品种特点是什么？

（1）原产地　萨福克羊原产于英国英格兰东南部的萨福克、诺福克、剑桥和艾塞克斯等地。

（2）**育成简史** 以南丘羊为父本，以当地体型较大、瘦肉率高的旧型黑头有角诺福克羊为母本进行杂交培育，于1859年育成。

（3）**外貌特征** 体格较大，头短而宽，公、母羊均无角，颈短粗，胸宽，背、腰和臀部长宽而平，肌肉丰满，后躯发育良好。头和四肢为黑色，并且无羊毛覆盖，其他部分为白色（图2-2）。

图2-2　萨福克羊

（4）**生产性能** 萨福克羊为早熟品种，生长发育较迅速，成年公羊体重100～136千克，成年母羊体重70～96千克。产肉性能好，经育肥4月龄公羔体重为24.2千克，4月龄母羔体重为19.7千克，瘦肉率高，是生产大胴体和优质羔羊肉的理想品种。产羔率141.7%～157.7%，生产实践中适宜作肉羊生产的终端父本。

（5）**利用效果** 萨福克羊是目前世界上体格、体重最大的肉用品种。我国从20世纪70年代起先后从澳大利亚、新西兰等国引进，主要分布在新疆、内蒙古、北京、宁夏、吉林、甘肃、河北和山西等地。从甘肃萨福克羊利用效果来看，萨福克杂种羔羊对半干旱荒漠草场的适应性强、生长快、耐粗饲，体躯丰满、结实，很适宜农户饲养，特别是在11—12月枯草期，利用农副产品进行短期舍饲育肥，适时屠宰，即可实现年内出栏，可缩短饲养周期，提高经济效益。在甘肃省河西走廊地区，萨福克羊公羊与小尾寒羊母羊杂交，杂种羔羊30日龄开始补喂精饲料，4月龄羔羊体重37.6千克，平均每天增重375克，出肉19.5千克。

23. 特克塞尔羊的品种特点是什么？

（1）**原产地**　原产于荷兰特克塞尔岛。

（2）**育成简史**　20世纪初用林肯羊、莱斯特羊与当地马尔盛夫羊杂交，经过长期的选择和培育而成。

（3）**外貌特征**　特克塞尔羊头大小适中，公、母羊均无角，耳短，鼻部黑色。颈中等长而粗。体格大，胸圆，背腰平直而宽，肌肉丰满，后躯发育良好（图2-3）。

图2-3　特克塞尔羊

（4）**生产性能**　特克塞尔羊寿命长，产羔率高，母性好，对寒冷气候有良好的适应性。成年体重公羊115～130千克、母羊75～80千克。成年羊剪毛量公羊5千克、母羊4.5千克。泌乳性能良好，产羔率150%～160%。羔羊肉品质好，瘦肉率和酮体分割

33

率高，市场竞争力强。该品种在国外分布很广，是推荐饲养的优良品种和用作经济杂交生产肉羔的父本。

（5）**利用效果**　特克塞尔羊引入我国时间较晚，1995年后我国黑龙江、宁夏、甘肃、河北等地先后引进。分别与东北细毛羊、小尾寒羊杂交，杂种羔羊产肉性能良好、出肉多。7月龄杂种羔羊出肉明显多于当地羊，骨肉比可达1∶4.8。

24. 杜泊羊的品种特点是什么？

（1）**原产地**　杜泊羊原产于南非。

（2）**育成简史**　是南非在1942—1950年，用当地的波斯黑头羊母羊与英国的有角陶赛特羊公羊杂交，经选择和培育而成。

（3）**外貌特征**　杜泊羊的毛色有两种类型：一种为头颈黑色，体躯和四肢为白色（图2-4）；另一种全身均为白色，但有的羊腿部有时也出现色斑（图2-5）。一般无角，头顶平直，长度适中，额宽，鼻梁隆起，耳大稍垂、既不短也不过宽。颈短粗，前胸丰满，肩宽厚，背腰平阔，肋骨拱圆，臀部方圆，后躯肌肉发达。四肢较短而强健，骨骼较细，肌肉外突，体型呈圆桶状，肢势端正。

图2-4　杜泊羊（黑）

图2-5　杜泊羊（白）

（4）**生产性能**　杜泊羊不受季节限制，可常年繁殖，母羊产羔率在150%以上，母性好、产奶量多，能很好地哺乳多胎后代。生长速度快，3.5～4月龄羔羊，活重约达36千克，胴体重16千克左右，肉中脂肪分布均匀，为高品质胴体。虽然杜泊羊体高中等，但体躯丰满，体重较大。成年公羊和母羊的体重分别为100～110千克和75～90千克。

（5）**利用效果**　我国山东、河南、辽宁、甘肃等地近年来大量引入。2014年，利用杜泊羊在甘肃河西走廊与小尾寒羊进行杂交试验，在放牧+补饲的情况下，6月龄以内杜寒杂交羊日增重平均达到275.33克，其肉色、脂肪色泽、大理石纹以及熟肉率等方面均优于小尾寒羊，杜寒杂交羊每只日纯利润3.88元，而小尾寒羊仅为1.54元，经济效益显著。

25. 澳洲白羊的品种特点是什么？

（1）**原产地**　澳洲白羊原产于澳大利亚。

（2）**育成简史**　是澳大利亚第一个利用现代基因测定手段培育的品种。该品种集成了白杜泊羊、万瑞绵羊、无角陶赛特羊和特克塞尔羊等品种的基因，通过对多个品种羊特定肌肉生长基因标记和抗寄生虫基因标记的选择（MyoMAX、LoinMAX和WormSTAR），培育而成的专门用于与杜泊羊配套的、粗毛型的中、大型肉羊品种。2009年10月在澳大利亚注册。

（3）**外貌特征**　头略短，软质型（颌下、脑后、颈脂肪多）；鼻宽，鼻孔大；颈长短适中，公羊颈部强壮、宽厚，母羊颈部结实，但更加精致；公、母羊均无角；耳中等大小、半下垂。臀部宽而长，后躯深，肌肉发达饱满，臀部后视呈方形；体高，后躯深。被毛白色，在耳朵和鼻偶见小黑点，季节性换毛，头部和腿被毛短；嘴唇、鼻、眼角无毛处及外阴、肛门、蹄甲色素沉积，呈暗黑灰色（图2-6）。

图2-6 澳洲白羊

（4）品种特性 体型大、生长快、成熟早、全年发情，有很好的自动换毛能力。在放牧条件下5～6月龄胴体重可达到23千克，舍饲条件下该品种6月龄胴体重可达26千克，且脂肪覆盖均匀，板皮质量具佳。母羊初情期为5月龄、体重45～50千克，适宜的配种年龄为8～10月龄、体重约60千克。发情周期14～19天，平均为17天；发情持续时间29～32小时，产羔率120%～150%。

（5）利用效果 此品种使养殖者能够在各种养殖条件下用作三元配套的终端父本，可以产出生长速率、个体重量、出肉率和出栏周期等方面理想的商品羔羊。

26. 南非肉用美利奴羊的品种特点是什么？

（1）原产地 原产于南非。

（2）育成简史 1932年南非农业部为了育种，引入德国肉用美利奴羊母羊10只、公羊1只，通过对其羊毛品质和体形外貌上的不断选育，1971年确认育成了独特的非洲品系，并被命名为南非肉用美利奴羊。

（3）**外貌特征**　南非肉用美利奴羊体格大、成熟早，胸宽而深，背腰平直，肌肉丰满，后躯发育良好。公、母羊均无角（图2-7、图2-8）。

图2-7　南非肉用美利奴羊（公羊）

图2-8　南非肉用美利奴羊（母羊）

（4）**品种特性** 南非肉用美利奴羊属于肉毛兼用型细毛羊（综合育种指数加权系数，产肉：产毛＝60：40），成年体重公羊100～135千克、母羊70～85千克。剪毛量成年公羊4.5～6.0千克、成年母羊3.4～4.5千克。净毛率45%～67%，羊毛长度8.5～11.0厘米、细度66～70支。在正常饲养管理条件下，产羔率130%～160%，母性强，泌乳力好。生长发育快，早熟，肉用性能好。在放牧条件下，100日龄羔羊体重平均达35.0千克，在集约化饲养条件下100日龄公羔体重平均达56.0千克。屠宰率50.0%～55.0%。

（5）**利用效果** 我国从20世纪90年代开始引进，主要分布在新疆、内蒙古、吉林和宁夏等地。新疆农垦科学院刘守仁院士等（2004）利用南非肉用美利奴羊公羊与体格大、产肉性能相对较高的中国美利奴羊母羊杂交，经横交选育，培育出中国美利奴羊肉用品系。该品系羊体格大，躯体长而宽厚，胸深，肩平，背腰臀部宽厚，肌肉丰满。

27. 德国美利奴羊的品种特点是什么？

（1）**原产地** 原产于德国。

（2）**育成简史** 是用泊列考斯羊和边区来斯特羊的公羊与德国地方美利奴羊母羊杂交培育而成。这一品种在苏联有广泛的分布，苏联养羊工作者认为，德国的佛里兹美利奴羊与泊列考斯羊等有共同的起源，故在苏联把这些品种通称为"泊列考斯羊"。

（3）**外貌特征** 德国美利奴羊体格大，成熟早，胸宽而深，背腰平直，肌肉丰满，后躯发育良好。公、母羊均无角。

（4）**品种特性** 成年体重公羊90～100千克、母羊60～65千克。剪毛量成年公羊10～11千克，成年母羊4.5～5.0千克，净毛率45%～52%；羊毛长度7.5～9.0厘米、细度60～64支。产羔率140%～175%。德国美利奴羊生长发育快，早熟，肉用性能好。6月龄羔羊体重可达40～45千克，胴体重19～23千克，屠宰率47%～51%。

（5）利用效果　我国从1958年起曾多次引入德国美利奴羊，分别饲养在江苏、安徽、内蒙古、黑龙江、吉林、辽宁、甘肃和山东等省、自治区，曾参与了内蒙古细毛羊、阿勒泰肉用细毛羊等品种的育成。同时，在许多省份曾与蒙古羊、欧拉羊、小尾寒羊、细毛羊等进行杂交生产羊肉，效果良好。但是，许多饲养单位反映，德国美利奴羊纯种繁殖的后代中，公羊隐睾的个体比较多，如江苏省铜山种羊场1973—1983年统计，德国美利奴羊纯繁后代，公羊隐睾率平均为12.72%，因此在引入和使用该品种时应注意。

28. 波尔山羊的品种特点是什么？

（1）原产地　波尔山羊原产于南非，作为种用，已被非洲许多国家及新西兰、澳大利亚、德国、美国、加拿大等国引进。

（2）育成简史　有关波尔羊的真正起源并不清楚，据查波尔山羊是在南非经过近两个世纪的风土驯化杂交选育而成的大型肉用山羊品种。1959年7月南非成立波尔山羊育种者协会，并制定选育方案和育种标准，之后，波尔山羊的选育进入了正规化育种。最初的育种标准主要描述波尔山羊的形态特征，随着生产者认识的提高和波尔山羊生产性能测定的优势明显，进入波尔山羊生产特征的选择阶段，最终形成了目前的肉用波尔山羊，定名为改良波尔山羊。

（3）外貌特征　波尔山羊被毛短而稀，毛色为白色，头颈为红褐色，额端到唇端有一条白色毛带，头部粗壮、眼大、棕色；口颌结构良好；额部突出，曲线与鼻和角的弯曲相应，鼻呈鹰钩状。公、母羊均有角，角坚实、长度中等。公羊角基粗大，向后、向外弯曲；母羊角细而直立。有髯；耳长而大，宽阔下垂。

（4）生产性能 波尔山羊体格大，生长发育快，初生重3～4千克，断奶体重可达20～25千克，7月龄体重公羊为40～50千克、母羊为35～40千克；周岁体重公羊为50～70千克、母羊为45～65千克；成年体重公羊为100～110千克、母羊为75～90千克。肉用性能好，屠宰率较高，平均为48.3%。波尔山羊可维持生产价值至7岁，是世界上著名的生产高品质瘦肉的山羊。此外，波尔山羊的板皮品质极佳，属上乘皮革原料。

（5）利用效果 从1995年开始，我国先后从德国、南非、澳大利亚和新西兰等国引入波尔山羊数千只，分布在陕西、江苏、四川、河南、山东、贵州、浙江、河北、云南、北京、天津、甘肃等20多个省份。引入种羊后，各地都十分重视，加强饲养管理，采用繁殖新技术，如胚胎移植、密集产羔技术等，加快了纯种波尔山羊的繁殖速度，促进了波尔山羊在中国的发展。同时，很多地区开展波尔山羊与当地羊杂交改良工作，取得了显著效果，深受农村养殖户和市场的青睐。

29. 巴美肉羊的品种特点是什么？

（1）育成简史 巴美肉羊是在对蒙古羊改良的基础上，有计划地利用从国外引进的德国肉用美利奴羊作为父本，采用复杂的育成杂交方法，培育出的内蒙古自治区第一个肉毛兼用羊品种。主产区位于内蒙古自治区西部巴彦淖尔市的乌拉特前旗、乌拉特中旗、五原县和临河区等，当地气候属典型温带大陆性气候，年平均气温6.1～7.6℃。经过40多年的系统选育，形成了含蒙古羊血统6.25%，细毛羊、半细毛羊血统18.75%，德国肉用美利奴羊血统75%的遗传稳定的巴美肉羊群体。

（2）**外貌特征**　巴美肉羊为肉毛兼用品种，体格大，体质结实，结构匀称，胸部宽而深，背腰平直，四肢结实，肌肉丰满，肉用体型明显，呈圆桶形，具有早熟性。公、母羊均无角。被毛同质白色，闭合良好，密度适中，细度均匀，以64支为主。头部毛覆盖至两眼连线，前肢毛着生至腕关节，后肢毛着生至飞节（图2-9）。

图2-9　巴美肉羊

（3）**品种特性**　巴美肉羊生长发育速度快，产肉性能高。成年公、母羊平均体重为101.2千克和60.5千克；育成公、母羊平均体重为71.2千克和50.8千克；初生重公羔平均为4.7千克，母羔平均为4.32千克。6月龄羔羊平均日增重230克以上。6月龄羯羊胴体重24.95千克，屠宰率51.13%。成年公羊产毛量、毛长度、毛细度、纤维强度和净毛率分别为6.85千克、7.90厘米、22.54微米、7.83克和48.42%；成年母羊上述指标分别为4.05千克、7.43厘米、21.46微米、7.42克和45.17%。具有较强的抗逆性和良好的适应性，成幼畜死亡率连续5年的统计小于1%；耐粗饲，觅食能力强，采食范围广，适合农牧区舍饲半舍饲饲养。繁殖率较高，初产年龄为1.0岁，经产羊达到两年产三胎，产羔率150%以上。

（4）利用效果 巴美肉羊的育成适应了市场需求的变化，确立了主推肉羊品种，解决了当地肉羊品种杂乱，羊肉产品规模小、档次低的问题，创立了肉羊品牌，促进了规模化、标准化肉羊生产，提高了整个产区的羊肉品质，提升了羊产品的市场竞争能力。

30. 小尾寒羊的品种特点是什么？

（1）原产地 原产于河北省南部、河南省东部及东北部、山东省南部及安徽省北部、江苏省北部一带。主产区为山东省西南部地区。

（2）育成简史 小尾寒羊的祖先为蒙古羊，蒙古羊随少数民族迁移到黄河流域，在产区良好的生态经济条件下，以及饲养者的精心培育下逐渐形成了生长发育快、体格大、繁殖力高的优良绵羊品种。

（3）外貌特征 体质结实，鼻梁隆起，耳大下垂。公羊有较大的螺旋形角，母羊有小角或角根。前后躯发育匀称，几乎呈方形，四肢粗壮，较高，蹄质结实。体躯毛色为白色，少数羊眼圈周围有黑色刺毛。脂尾较短、呈椭圆形，尾长不过飞节（图2-10）。

（4）生产性能 生长发育快，3月龄体重公羔为27千克左右、母羔为23千克左右，成年公羊平均体重94.1千克，成年母羊平均体重48.7千克。产肉性能好，6月龄公羊的胴体重、屠宰率、净肉率分别为17.6千克、57.5%和41.83%，肉质好、鲜嫩、多汁、没有膻味，肉味浓郁。繁殖力高，产羔率为177.6%～261.0%，大多数一胎产2只羔羊，一胎产3～4只羔羊也常见，最高有一胎产7只羔羊者。

图2-10　小尾寒羊

（5）利用效果　新中国成立以来，由于国家和产区各级业务部门的重视，科技人员和广大群众不间断的选育提高，小尾寒羊群体扩大很快。特别是近二十多年来该羊相继被引入到国内20余个省份，作为繁殖母羊或新品种培育的母本。

31. 湖羊的品种特点是什么？

（1）育成简史　产于太湖流域，分布在浙江省的湖州市、桐乡、嘉兴、长兴、德清、余杭、海宁和杭州市郊，江苏省的吴江等县及上海的部分郊区县。湖羊以生长发育快、成熟早、四季发情、多胎多产、所产羔皮花纹美观而著称，为我国特有的羔皮用绵羊品种，也是目前世界上少有的白色羔皮品种。2006年列入农业部《国家级畜禽品种资源保护名录》。

（2）外貌特征　湖羊头狭长，鼻梁隆起，眼大突出，耳大下垂（部分地区湖羊耳小，甚至无突出的耳），公、母羊均无角。颈细长，胸狭窄，背平直，四肢纤细。短脂尾，尾大呈扁圆形，尾尖上翘。全身白色，少数个体的眼圈及四肢有黑、褐色斑点（图2-11）。

图2-11　湖　羊

（3）品种特性　湖羊生长发育快，4月龄平均体重公羔达31.6千克，母羔达27.5千克；1岁体重公羊为（61.66±5.30）千克，母羊为（47.23±4.50）千克；2岁体重公羊为（76.33±3.00）千克，母羊为（48.93±3.76）千克。羔羊生后1～2天内宰剥的羔皮称为"小湖羊皮"，毛色洁白光润，有丝一般的光泽，皮板轻柔，花纹呈波浪形，为我国传统出口商品。羔羊出生后60天内宰剥的皮称"袍羔皮"，是上好的裘皮原料。

湖羊繁殖能力强，四季发情。性成熟很早，母羊4～5月龄性成熟。一般公羊8月龄、母羊6月龄可配种。可一年产两胎或两年产三胎，母性好，泌乳量高，产羔率平均为229%。

（4）评价和展望　湖羊对潮湿、多雨的亚热带产区气候和常年舍饲的饲养管理方式适应性强，是生产高档肥羔和培育现代专用肉羊新品种的优秀母本品种。

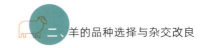

32. 多浪羊的品种特点是什么？

(1) **育成简史**　多浪羊是新疆维吾尔自治区一个优良肉脂兼用型绵羊品种，主要分布在塔克拉玛干大沙漠的西南边缘，叶尔羌河流域的麦盖提、巴楚、岳普湖、莎车等县。因其中心产区在麦盖提县，所以又称麦盖提羊。2006年列入农业部《国家级畜禽遗传资源保护名录》。

(2) **外貌特征**　多浪羊头较长，鼻梁隆起，耳大下垂，眼大有神。公羊无角或有小角，母羊皆无角（图2-12）。颈窄而细长，胸深宽，肩宽，肋骨拱圆，背腰平直，躯干长，后躯肌肉发达。尾大而不下垂，尾沟深。四肢高而有力，蹄质结实。初生羔羊全身被毛多为褐色或棕黄色，也有少数为黑色、深褐色、白色。第一次剪毛后，体躯毛色多变为灰白色或白色，但头部、耳部及四肢仍保持初生时毛色，一般终生不变色。

图2-12　多浪羊（母羊）

（3）**品种特性** 多浪羊初生重公羊为6.8千克，母羊为5.1千克；周岁体重公羊为59.2千克，母羊为43.6千克；成年体重公羊为98.4千克，母羊为68.3千克。屠宰率成年公羊为59.8%，成年母羊为55.2%。年产毛量成年公羊为3.0～3.5千克，成年母羊为2.0～2.5千克。被毛分为粗毛型和半粗毛型两种，粗毛型毛质较粗、干死毛含量较多；半粗毛型两型毛含量多、干死毛少。半粗毛型羊毛是较优良的地毯用毛。性成熟早，在舍饲条件下常年发情，初配年龄一般为8月龄，大部分母羊可以两年产三胎，饲养条件好时可一年产两胎，双羔率达50%～60%，三羔率5%～12%，并有产四羔者。据调查，80%以上的母羊能保持多胎的特性，产羔率在200%以上。

（4）**评价和展望** 多浪羊生长发育快，早熟，体格硕大，肉用性能好，母羊常年发情，繁殖性能好。但与一些肉用绵羊品种比较，多浪羊还有许多不足之处，如四肢过高，颈长而细，肋骨开张不够理想，前胸和后腿欠丰满，有的个体出现凹背、弓腰或尾脂过多；另外，该品种毛色不一致、毛被中含有干死毛等。今后应加强本品种选育，必要时可导入外血，使其向肉羊品种方向发展。

33. 蒙古羊的品种特点是什么？

（1）**原产地** 蒙古羊产于我国蒙古高原，除分布在内蒙古自治区外，华北、东北、西北均有分布。

（2）**育成简史** 是一个十分古老的地方品种，也是我国分布最广的一个绵羊品种。

（3）**外貌特征** 蒙古羊体质结实，骨骼健壮，头略显狭长。公羊多有角，母羊多无角或者有小角。鼻梁隆起，颈长短适中，胸深，肋骨开张不够，背腰平直，四肢细长而健壮。体躯被毛多为白色，头、颈与四肢则多有黑色或褐色斑块（图2-13）。

图2-13　蒙古羊

（4）生产性能　蒙古羊从东北到西南体型由大变小，生产性能各地差异较大。蒙古羊被毛属异质毛，一年春秋共剪两次毛。剪毛量成年公羊为1.5～2.2千克，成年母羊为1～1.8千克。分布在甘肃的蒙古羊，在饲养条件较好的地区，5月龄羯羔重26.4千克，出肉12.7千克。繁殖力不高，产羔率低，一般一年产一胎，一胎产1只羔羊。

（5）利用效果　蒙古羊分布非常广泛，具有良好的适应性，用于分布地区生产羔羊，但由于产羔率低，饲养量呈下降趋势。

34.滩羊的品种特点是什么？

（1）原产地　滩羊主要分布于宁夏、甘肃、内蒙古、陕西和与宁夏毗邻的地区。

（2）育成简史　滩羊是我国古老的地方裘皮用绵羊品种，起源于我国三大地方绵羊品种之一的蒙古羊，是在当地的自然资源和气候条件下，经风土驯化和当地劳动人民精心选留培育形成的一个特殊绵羊品种。

(3)**外貌特征** 滩羊体格中等，体质结实。鼻梁稍隆起，耳有大、中、小三种。公羊角呈螺旋形向外伸展，母羊一般无角或有小角。背腰平直，胸较深。四肢端正，蹄质结实。属脂尾羊，尾根部宽大，尾尖细、呈三角形，下垂过飞节。体躯毛色纯白，多数头部有褐、黑、黄色斑块。毛被中有髓毛细长柔软，无髓毛含量适中，无干死毛，毛股明显、呈长毛辫状（图2-14）。滩羊羔初生时从头至尾部和四肢都长有较长的具有波浪形弯曲的结实毛股。随着日龄的增长和绒毛的增多，毛股逐渐变粗变长，花穗更为紧实美观，1月龄左右宰剥的毛皮称为"二毛皮"。二毛期过后随着毛股的增长，花穗日趋松散，二毛皮的优良特性逐渐消失。

图2-14 滩 羊

(4)**生产性能** 成年体重公羊为47千克左右，母羊为35千克。耐粗饲。7 ~ 8月龄性成熟，18月龄开始配种，每年8—9月为发情旺季，产羔率101% ~ 103%。每年剪毛两次，公羊产毛

1.6～2.0千克，母羊产毛1.3～1.8千克，净毛率60%以上；公羊毛股长11厘米，母羊毛股长10厘米，光泽和弹性好，是制作提花毛毯的上等原料，也可用于纺织制服等。肉质细嫩，脂肪分布均匀，膻味小。

(5) 利用效果　滩羊在原产地具有良好的适应性，主要用于生产羔羊肉，但由于体格较小和产羔率低，饲养量呈下降趋势。

35. 西藏羊的品种特点是什么？

(1) 原产地　西藏羊又称藏羊、藏系羊，是中国三大粗毛羊品种之一。西藏羊产于青藏高原及其毗邻地区，主要分布在西藏、青海、四川、甘肃、云南和贵州等省、自治区。

(2) 育成简史　西藏羊是我国古老的三大粗毛羊品种之一，在当地的自然资源和气候条件下，经风土驯化和当地劳动人民精心选留培育形成的一个绵羊品种。甘肃省分布的藏羊又分为甘加型、欧拉型和乔科型。

(3) 外貌特征　西藏羊头粗糙、呈长三角形，鼻梁隆起（图2-15）。公、母羊都有角，公羊角粗壮、多呈螺旋状向两侧伸展，母羊角扁平较小、呈捻转状向外平伸。前胸开阔，背腰平直，骨骼发育良好。四肢粗壮，蹄质坚实。尾呈短锥形，长12～15厘米、宽5～7厘米。毛色以体躯白色、头肢杂色者居多，约占81.42%；体躯为杂色者约占7.71%，纯白者占7.51%，全身黑色者占3.36%。

(4) 生产性能　成年公羊平均体高、体长、胸围和体重分别为68.3厘米、74.8厘米、90.2厘米和49.8千克，成年母羊分别为65.5厘米、70.6厘米、84.9厘米和41.1千克。产肉性能好，成年羊满膘时屠宰率可达47%～52%。母羊一般一年产一胎，一胎产1只羔羊，产双羔者占3%～5%。

图2-15　西藏羊

（5）利用效果　主要在原产地生产羊肉和羊毛，近年来也用作杂交改良的母本。

36. 杜蒙羊的特点是什么？

（1）育成简史　杜蒙羊以杜泊羊为父本，蒙古羊为母本，经过杂交创新、横交固定和群体扩繁三个阶段选育而成。经过20多年的培育，目前已选育了20多万只生产性能高、遗传性能稳定的群体，适应农区舍饲、半农半牧区放牧补饲等多种养殖方式。

（2）外貌特征　杜蒙羊全身为白色异质毛，躯干允许有少量黑斑。杜蒙羊体格中等，体质结实，结构匀称，肌肉丰满，肉用体型明显。头顶部为白色，呈条状或不规则的块状，头部两侧（脸和眼部）为黑色，允许头颈部为全黑。颈长适中，颈肩结合良好。肩宽而结实，胸宽而深。胸部宽而深，背腰平直，后躯肌肉丰满，后腿强壮，肛门、生殖器和蹄部可以有色素沉着，允许腿上、腹下部有黑色毛，尾短小。公、母羊均无角（图2-16）。

图2-16　杜蒙羊

（3）生产性能　杜蒙羊成年公羊体重为85.88千克、母羊体重为62.76千克。公、母羊6月龄屠宰率分别为50.15%和48.83%，平均胴体重为24.58千克。经产母羊繁殖率达到了157%。

（4）利用效果　累计向内蒙古自治区及山东、宁夏、甘肃、新疆等地推广270余万只，为实现草原畜牧业高质量发展和牧区现代化建设提供了有力支撑。

37.鲁中肉羊的特点是什么？

（1）育成简史　利用白杜泊绵羊与湖羊为主要育种素材，历经15年，采用常规育种与分子标记辅助选择相结合的技术，经过连续4个世代的选育，培育出了外貌特征一致、遗传性能稳定、生长快、产肉性能好、繁殖率高、适应性强的鲁中肉羊。2021年1月通过国家畜禽遗传资源委员会审定。

（2）外貌特征　全身被毛白色，头清秀，鼻梁隆起，耳大稍下垂，颈背部结合良好。胸宽深，背腰平直，后躯丰满，四肢粗壮，蹄质坚实，体型呈桶状结构。公、母羊均无角，瘦尾。鲁中肉羊公羊雄壮，睾丸对称，大小适中，发育良好（图2-17）。鲁中肉羊母羊清秀，乳房发育良好，富有弹性，乳头分布均匀，大小适中（图2-18）。

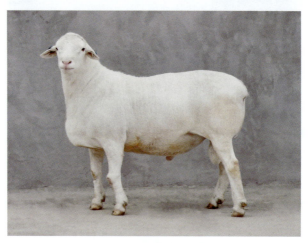

图2-17　鲁中肉羊（公羊）

图2-18　鲁中肉羊（母羊）

（3）生产性能　成年公羊体重100千克，成年母羊体重70千克；6月龄公羔平均体重40千克以上。屠宰率50%以上，胴体净肉率80%以上。公羊8月龄性成熟，初配年龄10月龄；母羊7月龄性成熟，常年发情，发情周期18天，发情持续期29小时，初配年龄8月龄，妊娠期147天。

（4）利用效果　已经推广到全国各地，均表现出良好的适应性，公羊配种、母羊繁殖、羔羊生长发育表现良好，并具有耐粗饲、抗病、适合集约化舍饲圈养等特点。

38. 云上黑山羊的特点是什么？

（1）育成简史　是以努比山羊为父本、云岭黑山羊为母本，采用级进杂交、开放式联合育种方法，通过杂交创新、横交固定与世代选育等阶段，经22年选育而成的肉用山羊品种。2019年通过国家畜禽遗传资源委员会审定。

（2）外貌特征　全身被毛黑色，毛短而富有光泽。体质结实，结构匀称，体躯较大，肉用特征明显。公、母羊均有角，且呈倒"八"字形（图2-19、图2-20）。头大小适中，两耳长、宽而下垂，鼻梁稍隆起。颈长短适中，公羊胸颈部有明显皱褶。胸部宽深，背腰平直，腹大而紧凑。臀、股部肌肉丰满。四肢粗壮，肢势端正，蹄质坚实。公羊睾丸大小适中、对称；母羊乳房发育良好，柔软有弹性，乳头对称。

（3）生产性能　具有个体大、生长快，产羔多、成活率高，产肉多且肉质细嫩多汁、氨基酸种类丰富、蛋白质含量高、胆固醇含量低，以及适应性强和耐粗饲等优点。周岁公羊体重达53.17千克，母羊体重41.47千克；成年公羊体重达75.79千克，母羊体重56.49千克。母羊可两年产三胎，每胎可产2～3只羔羊。

图2-19 云上黑山羊（公羊）

图2-20 云上黑山羊（母羊）

（4）利用效果 已在云南省120个县（市、区）和21个外省（自治区、直辖市）累计推广种羊15万余只，均表现出良好的适应性。

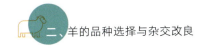

39. 黄淮肉羊的特点是什么？

(1) **育成简史**　采用传统育种与分子育种相结合的手段，以杜泊羊为父本、小尾寒羊和小尾寒羊杂交羊为母本，经历18年杂交创新、横交固定和群体扩繁三个阶段培育而成。2020年12月通过国家畜禽遗传资源委员会新品种审定。

(2) **外貌特征**　黄淮肉羊有黑头和白头两个类群。黑头类群头部、颈前部被毛和皮肤呈黑色，体躯被毛和皮肤呈白色，部分羊肛门和阴门周围被毛和皮肤呈黑色；白头类群全身被毛和皮肤均呈白色，无杂毛。黄淮肉羊头脸部清秀，耳中等偏大、稍下垂，公、母羊均无角，鼻梁稍隆起，嘴部宽深。公羊颈部粗短（图2-21），母羊颈部稍细长（图2-22），公、母羊头、颈和肩部均结合良好。胸部宽深，肋骨开张，背腰平直，体质结实，体型丰满呈桶状，后躯肌肉发达。四肢较高且粗壮，蹄质坚实，瘦尾。

图2-21　黄淮肉羊（公羊）

图2-22　黄淮肉羊（母羊）

（3）生产性能　成年公羊体重为98.1千克，母羊体重为71.7千克。公、母羊6月龄育肥体重分别为58.50千克和52.45千克。公、母羊屠宰率分别为56.02%和53.19%。每只母羊年提供断奶羔羊数为（2.38±0.14）只。其肉质细腻，鲜嫩多汁，肥瘦适中，膻味小，肌肉营养丰富。

（4）利用效果　已在河南乃至整个黄淮地区推广使用，均表现出良好的适应性。

40. 肉羊品种选择的一般原则是什么？

（1）所选择肉羊品种原产地的自然生态环境要与饲养地区自然生态环境相似　在自然生态条件中，主要考虑温度、降水和空气湿度、海拔高度、地形及土壤等。如果两地温度等环境生态条件一致或者相近，则意味着有养好引进肉羊品种的基础条件。

（2）选择经过风土驯化已经能够很好地适应饲养地区自然生态环境的品种 有些从国外引进的肉羊品种，虽然其原产地的环境与我国的自然生态环境相差较大，但经过在我国一段时间的风土驯化，再加上精心的饲养管理，有些品种已经很好地适应了我国某些地方的自然生态环境，这些品种也是可以选择的。

（3）选择经过杂交推广效果良好的肉羊品种 我国引进国外优秀肉羊品种时间较长，引入品种的数量和种类也在不断增加。要选择适合发展肉羊的优良品种，必须对将要引入的肉羊品种进行考察。若在相似或相同区域杂交利用和推广效果良好，则可以考虑直接引种；如果没有相应的研究报道资料，则要先小规模引入，待考察其适应性和杂交改良效果后再决定是否大规模引入。

（4）适当考虑当地产肉性能一般的绵、山羊品种 现有的绵羊、山羊品种虽说产肉性能一般，但是其能够很好地适应当地的生态环境，有着很强的适应能力，耐粗放饲养、抗病能力强，因此可以在发展肉羊时作为重点考虑对象，在开展肉羊杂交改良生产时作母本使用。

41. 如何选择适合当地的羊品种？

选择肉羊品种首先要考虑的问题是适应性，选择生产指数比较高的品种。生产指数高的主要表现是能达到两年产三胎、一胎产2只羔羊，羔羊初生重要达到3.50千克，断奶前平均日增重要达到250克。选择时要参考以上标准，选择生产指数与之相近的品种。高于该指标的品种最好，严重低于指标的羊价格再低也不能选择。

在南方多数地区适合养殖山羊品种，北方地区适宜养殖生产力较强的绵羊品种，当然也可饲养山羊。具体说，在中原肉羊优势生产区域，小尾寒羊、湖羊、杜泊羊、波尔山羊可作为母本，可以选择杜泊羊、无角陶赛特羊、萨福克羊、波尔山羊等作父本。

西南肉羊优势区内盛产繁殖率高、产肉性能良好的黑山羊，如金堂黑山羊、乐至黑山羊、大足黑山羊、简阳大耳羊、成都麻羊、南江黄羊、白山羊等可作为优质母本，可以选择波尔山羊、努比亚黑山羊等作为父本。

在中东部农牧交错带肉羊优势生产区域，应该选择夏洛来羊、杜泊羊等与当地的绵羊品种进行杂交改良。

在西北肉羊优势生产区域，适合饲养无角陶赛特羊、萨福克羊、多浪羊、杜泊羊等作为父本对当地的羊进行改良。

42.引进羊品种要注意什么？

(1) 引进前的准备　首先要根据当地农业生产、饲草料、地理位置等因素加以分析，有针对性地考查几个羊品种的特性及对当地的适应性，进而确定引进什么羊品种。例如，长江以南地区适于饲养山羊，在寒冷的北方则比较适合饲养绵羊，山区丘陵地区也较适合饲养山羊。其次要根据自己的资金，合理确定引种数量，做到既有钱买羊又有钱养羊。俗话说"兵马出征，粮草先行"，准备购羊前要备足草料，修缮羊舍，配备必要的设施。

视频3

(2) 选择引种地点　引进种羊时一般要到该品种的主产地选择。从国外引进的肉羊品种大都集中饲养在国家、省级科研部门及育种场内，在缺乏对品种的辨别能力时，最好不要到主产地以外的地方引种，以免上当受骗。引种时要主动与当地畜牧主管部门取得联系。

(3) 选择引种时间　引进种羊的最适季节为春秋两季。冬季在华南、华中地区也能进行引种，但要注意保温。引种最忌在夏季，因为6—9月天气炎热、多雨，不利于远距离运羊。如果引种场距离较近，运输不超过1天的时间，可不考虑季节因素。对于引进地方良种肉羊，由于这些羊大都集中在农民手中，所以要尽量避开"夏收"和"三秋"农忙时节，因为这时大部分农户顾不上卖羊，选择面窄，难以引进好羊。

（4）**选购羊的注意事项**　挑选种羊是养羊能否顺利发展的关键一环。如果从种羊场引种，首先要了解该羊场是否有畜牧部门签发的种畜禽生产许可证、种羊合格证及系谱耳号登记证，三证应齐全。若从主产地农户收购，挑选时要看羊的外貌特征是否符合品种标准。公羊要选择年龄在1～2岁的，手摸睾丸富有弹性，注意不能购买单睾羊和患有睾丸炎的公羊，公羊的膘情中上等但不要过肥或过瘦；母羊多选择1岁左右且健康强壮的，这些羊多数正处在配种期，乳头大而均匀。视群体大小确定公羊数，一般公、母羊比例为1 ：（15～20），群体小可适当增加公羊数，以防止近交。

（5）**运输注意**　羊装车时不要太拥挤，一般加长挂车装150～250只，冬天可适当多装，夏天要少装。汽车运输要匀速行驶，避免急刹车，山地运输更要小心。一般每1小时左右要停车检查一次，防止羊互相踩压。途中要及时给予羊充足的饮水。装车时要带足当地羊喜吃的草料，1天要给料3次，给水4～5次。

43. 肉羊引入后要注意哪些问题？

（1）在进羊1个月左右，羊群基本稳定、体质基本恢复时，须对其进行免疫接种和全面驱虫。

（2）坚持每天观察羊群，熟悉羊采食、站立、运动等状态，以便及时发现问题。

（3）引进羊在适应期内会出现不同程度的应激反应，如感冒、肺炎、角膜炎、口疮、腹泻、流产等会乘虚而入，侵害羊群。因此，要加强饲养管理，特别注意圈舍等的清洁卫生，如有可能可从产地带些牧草逐渐过渡。

44. 如何鉴定种羊？有哪几种方式？

选择种羊除了依靠羊的生产性能表现外，种羊的个体鉴定十分重要。基础母羊一般每年进行一次鉴定，种公羊一般在1.5～2岁进行一次鉴定。种羊鉴定包括年龄鉴定和体型外貌鉴定。

（1）年龄鉴定　年龄鉴定是其他鉴定的基础。肉羊不同年龄其生产性能、体型、鉴定标准都有所不同。在没有系谱资料的情况下，比较可靠的年龄鉴定方法仍然是牙齿鉴定。因为牙齿的生长发育、形状、脱换、磨损、松动有一定的规律，因此人们可以利用这些规律，比较准确地进行羊的年龄鉴定。成年羊共有32枚牙齿，上颌有12枚，两侧各6枚，上颌无门齿；下颌有20枚，其中12枚是臼齿，两侧各6枚，8枚门齿，也叫切齿。利用牙齿进行年龄鉴定，主要是根据下颌门齿的发生、更换、磨损、脱落情况来判断。羔羊一出生就长有6枚乳齿，约在1月龄8枚乳齿长齐。1.5岁左右乳齿齿冠有一定程度的磨损，钳齿脱落，随之在原脱落部位长出第一对永久齿；2岁时内中间齿更换，长出第二对永久齿；约在3岁时，第四对乳齿更换为永久齿；4岁时，8枚门齿的咀嚼面磨得较为平直，俗称齐口；5岁时可以见到个别牙齿有明显的齿星，说明齿冠部已基本磨完，暴露了齿髓；6岁时已磨到齿颈部，门齿间出现了明显的缝隙；7岁时缝隙更大，出现露孔现象（图2-23）。为便于记忆，总结为顺口溜：一岁半中齿换，到两岁换两对，两岁半三对全，满三岁牙换齐，四磨平，五齿星，六现缝，七露孔，八松动，九掉牙，十磨尽。

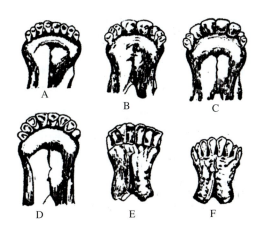

图2-23　不同年龄绵羊门齿的变化
A.1岁以前的门齿　B.1～1.5岁的门齿　C.1.5～2.5岁的门齿
D.3～4岁的门齿　E.6岁以前的门齿　F.6岁以上的门齿

（2）体型外貌鉴定　体型外貌鉴定的目的是确定肉羊的品种特征、种用价值和生产力水平。

①体型评定：往往要通过体尺测定，并计算体尺指数加以评定。测量的体尺有体高、体长、胸围和管围。为了衡量肉羊的体态结构，比较各部位的相对发育程度，评价产肉性能，一般要计算体尺指数，主要有：体长指数＝体长/体高，体躯指数＝胸围/体长，胸围指数＝胸围/体高，骨指数＝管围/体高，产肉指数＝腿臀围/体高，育肥度指数＝体重/体高。

②肉羊的外貌评定：通过对各部位打分，最后求出总评分。将肉羊外貌分成四大部分，公羊分为整体结构、育肥状态、体躯和四肢，各部位的给分标准分别为25分、25分、30分和20分，母羊分为整体结构、体躯、母性特征和四肢，各部位的给分标准分别为25分、25分、30分和20分，合计100分。

45.如何进行肉羊本品种选育？

（1）种群筛选-建立核心群　从群体的整体水平寻找特别优秀者，集中成一个优秀育种群，建立生产性能记录制度，通过精心制订配种计划，测定其后代的生产性能，当这些优秀者被确认为具有良好的遗传结构时，便自然形成了本品种选育的核心群。

（2）肉羊的品种结构　由核心群、繁殖群和商品生产群三个等级组成，呈金字塔结构。

（3）核心群与联合育种体系　一些牧场主通过确定共同的育种目标和分享种羊资源，组成核心群，全心全意地加入共同合作的行列中。

（4）核心群与胚胎移植　胚胎移植（MOET）方案是一种选种方法，是将超数排卵和胚胎移植等繁殖技术与核心群合作育种体系结合起来，将早期选种方案与加快核心群的扩繁速度结合起来。MOET育种体系最大的贡献是提高了选择的准确性，大大缩短了世代间隔。MOET的关键是建立一个生产性能卓越的母羊核心群。

46.什么是品系和品系繁育？

品系是在同一品种内具有共同特点、彼此有亲缘关系的个体所组成的遗传性稳定的群体。

品系繁育是充分利用卓越公羊及其优秀后代，建立高产和遗传性能稳定的羊群的繁育方法。通过品系繁育，丰富品种的遗传结构，有意识地控制品种内部的差异，以此来促进整个品种的发展。

进行品系繁育首先要建立品系的基础群，品系数量根据实际情况而定，如果建立专门化品系，生产商品代肉羊，至少需要父本系和母本系各一个；如果要进行品系之间的杂交优势的配合测定，至少要有三个品系参加；如果开展肉羊合成系育种，可能要10～20个品系同时选育。肉羊的品系繁育普遍采用群体继代选育法。其次要进行闭锁繁育，当基础群建成后，畜群必须严格封闭。每个世代的种羊都要从基础羊群的后代中选留。至少在品系建立前的4～6个世代内不能引进外来种羊。但由于羊群规模小，近交系数也会逐渐上升。这就意味着会使基础群的各种基因通过分离与重组，逐渐趋向纯合。最后结合严格的选育，形成具有共同特点的畜群。

47. 如何进行选配？有哪几种方式？

选配是人们有明确目的地安排公、母畜的配对，有意识地组合后代的遗传基础，以达到培育和利用优良种畜的目的。其实质是让优秀个体得到更多的交配机会，使两基因更好地重新组合，使畜群得到改良和提高。选配分个体选配、等级选配和亲缘选配。

（1）个体选配　畜群不大或育种核心群采用，可更具生产目的、更快实现育种目标。分析每头公、母羊在生产性能和外貌结构上的优缺点，制订个体选配计划，安排公、母羊配种。根据它们的后代表现，分析各个组合的选配效果，及时加以修正。

（2）等级选配　生产群肉羊或较大的育种群一般采取等级选配。首先将基础母羊群按照生产性能、体型外貌的评定结果分成特级、一级、二级、三级、等外5个等级，分别确定与配公羊。公羊也要评定等级。等级选配的原则是公羊的等级一定要高于母羊。因为公羊饲养数量少，且对母羊群有带动和改进的作用，所以其等级质量要高于母羊。对特级、一级公羊应该充分使用，二级、三级公羊只能控制使用。

（3）亲缘选配　根据公母羊之间亲缘关系的远近安排交配组合。为了巩固优秀种羊的优良基因，使其尽快达到纯合，往往要采取近交的手段，特别是在进行肉羊品系繁育的过程中，近交是不可避免的。

48. 什么是杂交？杂交如何利用？

杂交是指不同群体中个体间的交配。通过杂交能将不同品种的特性结合在一起，创造出亲本原来所不具备的特性，并能提高后代的生活力。

如果以提高生产性能为目的，一般采用级进杂交，即用引进的国外肉用品种公羊与当地母羊进行杂交，杂交公羊淘汰作为肉羊屠宰，优良的杂交母羊留种，继续与国外肉用公羊进行杂交，这样经过连续几个世代的培育，杂交后代的生产性能越来越接近父系品种。如果地方品种已基本满足了生产的需要，但是要纠正某个缺点，一般采用引入杂交，即引进少量的外来品种，与当地品种进行一个世代的杂交，在杂交后代中选择合乎标准的公、母羊留种，这些种羊再与当地品种的公、母羊进行回交，从中培育优秀的种公羊。通过引入杂交使当地品种的缺点得到纠正，又不影响当地品种的特点，也叫育成杂交。

49. 什么是经济杂交？经济杂交常用哪几种方法？

经济杂交是为了利用各品种之间的杂种优势，提高肉羊的生产水平和适应性。不同品种的公、母羊杂交，其杂种一代具有生活力强、生长发育快、饲料转化率高、产品规格整齐划一等多方

面的优点，所以在商品肉羊生产中普遍采用经济杂交。

经济杂交常用二元杂交、回交和三元杂交。

（1）**二元杂交** 两个品种之间杂交所生后代为二元杂种，杂交后代全部用于商品生产（图2-24）。杂种后代中100％的个体都会表现出杂种优势。这种杂交简单易行，适合于技术水平落后、羊群饲养管理粗放的广大地区。

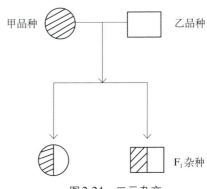

图2-24 二元杂交

（2）**回交** 二元杂交的后代又叫杂一代，代表符号是F_1。回交即用F_1母羊与原来任何一个亲本的公羊交配，也可以是F_1公羊与亲本母羊交配。为了利用母羊繁殖力的杂种优势，实际生产中常用纯种公羊与杂种母羊交配，但回交后代中只有50％的个体获得杂种优势。

（3）**三元杂交** 两个品种的杂种一代再与第三个品种相杂交，以利用含有三品种血统的多方面的杂种优势（图2-25）。在羊的三元杂交中，第一次杂交往往注重繁殖性状（如羊的产仔数），第二次杂交往往强调生长性状（如羊的日增重等）。

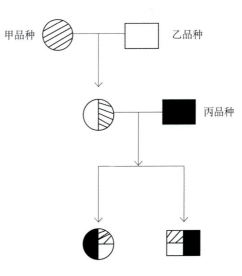

图2-25 三元杂交

50. 什么是杂交优势？在肥羔生产中如何利用杂交优势？

不同种群杂交产生的杂交群，在生活力、生长势和生产性能方面，往往表现出优于其亲本纯繁群的现象，称为杂种优势。利用性能特点各异的不同种群杂交，不但可以提高杂种后代的初生重、断奶重、成年体重等生长发育性状，还可以提高杂种后代的成活率、抗病力、繁殖力等性状。杂种优势的程度一般用杂种优势率表示。不同杂交组合，杂种优势率不同，因此，在利用肉羊的杂种优势时，要通过杂交组合试验，找出最佳组合。

在肥羔生产中进行经济杂交要对亲本进行选择，应该选择早熟、肉用性能好，并且能够将其特性遗传给后代的品种作父本。生产肥羔最好的父本品种有无角陶赛特羊、萨福克羊、南非肉用美利奴羊、杜泊羊等优良父本品种。还应该考虑到品种的多胎性，因为在饲料较丰富的地区，生产双羔或多羔经济效益更高。我国可供经济杂交生产肥羔的母本品种如小尾寒羊和湖羊，一年四季可发情配种，产羔率高。

三、

羊的繁殖调控

51. 什么是羊的性成熟？如何确定羊适宜的初配年龄？

（1）公羊的初情期、性成熟和初配年龄　初情期是公羊初次出现性行为和能够射出精子的时期，是性成熟的开始阶段。性成熟是公羊生殖器官和生殖机能发育趋于完善、达到能够产生具有授精能力的精子，并有完全的性行为的时期。

公羊到达性成熟的年龄与体重的增长速度呈正相关。公羊在达到性成熟时，身体仍在继续生长发育。配种过早，会影响其身体的正常生长发育，并且降低繁殖力。通常在公羊达到性成熟后推迟数月作为公羊开始配种的年龄。体重也是很重要的指标，通常要求公羊的体重接近成年时才开始配种。绵羊和山羊在 6～10月龄时性成熟，以 12～18 月龄开始配种为宜，此即为公羊的初配适龄。

（2）母羊的初情期、性成熟和初配年龄　通常把母羊出生后第一次出现发情的时期称为初情期（绵羊一般为 6～8 月龄，山羊一般为 4～6 月龄），把已具备完整生殖周期（妊娠、分娩、哺乳）的时期称为性成熟。母羊到性成熟时，并不等于达到适宜的配种繁殖年龄。母羊适宜的初配年龄应以体重为依据，即体重达到正常成年体重的70%以上时可以开始配种，此时配种繁殖一般不影响母体和胎儿的生长发育。母羊适宜的初配时期也可以考虑年龄，绵羊和山羊的适宜初配年龄一般为1～1.5岁。

因为初配年龄和肉羊的经济效益密切相关，即生产中要求越早越好，所以在掌握适宜初配年龄的情况下，不应过分推迟初配年龄，做到适时、按时配种。

52.影响羊发情的环境因素有哪些？羊发情周期和性行为的特征是什么？

羊发情期是受季节、光照、纬度、海拔、气温、营养状况等各种环境因素综合作用的结果。季节是影响肉羊发情的主要环境因素。羊的季节性发情是长期自然选择的结果，是生物适应环境的具体表现。一般情况下夏、秋、冬三个季节母羊有发情表现。原始类型的品种或者在较粗放条件下饲养的羊，其发情季节较明显。

绵羊和山羊均为短日照季节性多次发情的动物，即均为夏末和秋季发情，且以秋季发情旺盛。公羊繁殖的季节性变化虽然没有母羊明显，但在不同季节其繁殖机能是不同的。日照长度的变化能明显地控制公羊精子的生成过程。精液品质的季节性变化很明显，精子总数和精子活力以秋季最高、冬季次之、夏季最低。

母羊达到性成熟年龄以后，其卵巢上出现周期性排卵现象，通常把前后两次排卵期间整个机体及其生殖器官所发生的复杂生理过程称为发情周期。绵羊的发情期为24～26小时，发情周期平均为17天；山羊的发情期为24～28小时，发情周期平均为21天。

公羊完整的性行为包括性冲动、求偶、阴茎勃起、爬跨、阴茎伸入阴道、射精和从母羊身上退下等。公羊的性行为强度受营

养水平、健康状况、激素水平、神经类型及季节和气候等因素的影响。母羊的性行为与雌激素及孕酮水平有密切的关系。发情时，雌激素在少量孕酮的参与下，刺激母羊的性中枢，母羊会出现性欲、性兴奋、生殖道一系列变化、卵泡发育和排卵等行为和生理反应。

53. 如何进行母羊的发情鉴定？

羊在发情期间有不同于休情期的表现。通过有效的发情鉴定，可以确定母羊是否发情和合理的配种时机，以免误配、漏配或延迟配种，是提高繁殖力的关键措施之一。母羊发情鉴定的方法主要有外部观察法、阴道检查法和试情法。

(1) 外部观察法　是一种简便常用的方法。即根据母羊发情时精神状态的变化及一定的生理表现进行发情鉴定。山羊发情时兴奋不安，食欲减退，不停摆尾，咩叫，外阴部红肿并有黏液排出。绵羊发情持续期比山羊稍短，有时外部表现不明显，当其喜欢接近公羊、不断摇动尾巴、公羊爬跨时站立不动、外阴部有少量黏液流出时，就可以认定为发情。

(2) 阴道检查法　阴道检查法是通过对阴道黏膜、分泌物及子宫颈口的变化来判断母羊是否发情。母羊发情时阴道黏膜充血，表面光滑湿润，有透明黏液流出，子宫颈口充血、松弛、开张等。本法需要借助于开膣器打开母羊的生殖道前端进行观察，操作时，对开膣器及母羊外阴部要进行消毒，操作时需要小心谨慎，以免损伤母羊的生殖道。

(3) 试情法　初情期母羊或者部分母羊的发情表现不明显，这时可以用试情公羊从母羊群中发现发情母羊，即称为试情。试情公羊一般以2～5岁、体格健壮、性欲旺盛及不宜作种用的土种公羊来充当。

54.如何进行母羊预产期的推算？

绵羊和山羊的妊娠期平均为150天，其中绵羊为146～155天，山羊为146～160天。

母羊预产期的推算方法是：配种月份加5，配种日期减2或减4，如果妊娠期是在2月，预产日期应减2，其他月份减4。例如，一只母羊在2014年11月3日配种，该羊的产羔日期为2015年4月1日。

55.羊的受精过程是如何进行的？什么是妊娠？

受精是指精子进入卵细胞，二者融合成一个细胞——合子的过程。羊属于阴道射精型动物，即交配时精液射在阴道内子宫颈口的周围。羊的受精过程大体为：①精子由射精部位运行到受精部位。②精子进入卵子。③原核形成和配子融合。此时，受精过程即告完成。从精子入卵到完成受精的时间为16～21小时。

受精结束后接着就是妊娠（也叫怀孕）的开始，从精子和卵子在母羊生殖道内形成受精卵开始，到胎儿产出所持续的时期称为妊娠期（或胎儿发育期）。妊娠期包括受精卵卵裂、桑葚胚、囊胚、囊胚后期的胚泡在子宫的附植、建立胚胎系统、发育成胚胎，继而形成胎儿，最后胎儿成熟，娩出体外。绵羊和山羊的妊娠期均为5个月，其中绵羊为146～155天，山羊为146～160天。

在这个时期，受精卵经过急剧的细胞分化和强烈的生长，发育成具有器官系统及复杂结构的有机体。为便于观察研究，胚胎期又划分为胚期、胎前期和胎儿期三个阶段。

了解胚胎期的生长发育特点，可为妊娠期母羊的饲养管理提供科学依据。在胚胎发育的前期和中期，胎羊绝对增重不大，但

分化很强烈，因此对营养物质的质量要求较高，而对营养物质的数量要求不高，很容易满足母体需要。到胚胎发育后期，胎儿和胎盘的增重都很快，母体还需要储备一定的营养供产后泌乳，所以，此时对营养物质的数量要求急剧增加，营养物质数量不足，会直接造成胎儿的发育受阻和产后缺奶或少奶。

56. 如何进行母羊的妊娠诊断？

及时、准确的妊娠诊断可以及早发现空怀母羊，以便采取补配措施；同时，对妊娠母羊加强饲养管理，避免流产，这是提高羊受胎率和繁殖率的有效措施。妊娠诊断有以下几种方法。

(1) 外部观察法　母羊妊娠后一般表现为周期性发情停止，食欲成培增加，膘情逐渐变好，毛色光润，性情逐渐变温驯，行动谨慎安稳等。到妊娠3～4个月，腹围增大，妊娠后期腹壁右侧较左侧更为突出，乳房胀大。单纯依靠母羊妊娠后的表现进行诊断的准确性有限，需要结合另外两种方法做出诊断。养羊实际中经常使用试情公羊对配种后的母羊进行试情，若配种后1～2个情期不发情，则可以判定母羊妊娠。

(2) 超声波诊断法　这种方法是利用超声波的物理特性，通过探测羊的胎动、心搏及子宫动脉的血流来判断母羊是否妊娠（图3-1）。目前国内外开发出多款B型超声波诊断仪，诊断准确率较高，也可用于羊的皮下脂肪厚度和背最长肌的直径进行活体检测。国外有研究表明，配种后20天就可以用B超进行直肠检测。

(3) 孕酮测定法　妊娠后母羊血液中的孕酮含量会有所增加，生产实践中常以配种后20～25天母羊血液内的实测孕酮含量为判断依据。具体判断指标：绵羊血液中孕酮含量大于1.5纳克/毫升判为妊娠；山羊血液中孕酮含量大于3纳克/毫升判为妊娠。

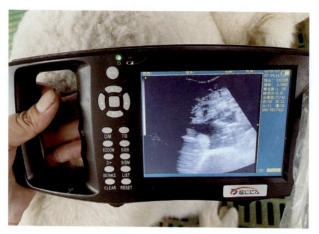

图3-1　超声波诊断

57.分娩时母羊的行为有何特点？管理中应注意什么？

母羊临近分娩时，精神状态显得不安，回顾腹部，时起时卧。躺卧时两后肢不向腹下曲缩，而是呈伸直状态。排粪、排尿次数增多。放牧羊有离群现象，以找到安静处，等待分娩。

产羔是养羊业的收获季节之一，因此应当精心准备，确保丰产丰收。产羔前应准备好接羔用棚舍，总的要求是宽敞、明亮、保温、干燥、空气新鲜。产羔棚舍内的墙壁、地面，以及饲草架、饲槽、分娩栏、运动场等，在产羔前3～5天要彻底清扫和消毒。要为产羔母羊及其羔羊准备充足的青干草、质地优良的农作物秸秆、多汁饲料和适当的精饲料，或在产羔舍附近为产羔母羊留一定面积的产羔草地。

在母羊产羔过程中，非必要时一般不应干扰，最好让其自行分娩。羔羊产出后，首先把其口腔、鼻腔的黏液掏出擦净，以免

因呼吸困难、吞咽羊水而引起窒息或异物性肺炎。羔羊身上的黏液应及早让母羊舔干，既可促进新生羔羊的血液循环，又有助于母羊认羔。如果母羊恋羔性弱时，可将胎儿身上的黏液涂在母羊嘴上，引诱它舔净羔羊身上的黏液。羔羊出生0.5～3.0小时后母羊排出胎衣，排出的胎衣要及时取走，以防被母羊吞食养成恶习。

58. 如何选择羊的配种时期？

羊的配种时期主要根据有利于羔羊成活和母仔健康情况来决定。在一年产一次羔的情况下，产羔时间可分两种，即冬羔和春羔。一般把7—9月配种、12月至次年1—2月生产的羔羊叫冬羔；把10—12月配种、次年3—5月生产的羔羊叫春羔。产冬羔还是产春羔，不能强求一律，要根据羊所在地区的气候和生产技术条件来选择。在气候和饲养管理条件较好的地区，绵羊、山羊一年四季都能发情配种，在这种情况下，配种时期的选择，主要根据有利于母羊和羔羊的体况恢复和发育、有利于产品品质的提高和有利于生产的安排及组织等因素来决定。

59. 什么是高频繁殖生产体系？

高频繁殖是随着工厂化高效养羊，别是肉羊及肥羔羊生产而迅速发展的高效生产体系。这种生产体系的指导思想是：采用繁殖生物工程技术，打破母羊季节性繁殖的限制，让母羊一年四季发情配种，全年均衡生产羔羊，充分利用饲草资源，使每只母羊每年所提供的胴体质量达到最大值。高效生产体系的特点是：最大限度地发挥母羊的繁殖生产潜力，依市场需求全年均衡供应肥羔上市，缩短资金周转期，最大限度地提高养羊设施的利用率，提高劳动生产率，降低成本，便于工厂化管理。

(1) **一年两产方法及应用效果**　一年两产体系可使母绵羊的年繁殖率提高90%～100%，在不增加设施投资的前提下，母羊的生产力提高1倍，生产效益提高40%～50%。一年两产的技术核心是母羊发情调控、羔羊早期断乳和早期妊娠检查。按照一年两产的要求，制订周密的生产计划，将饲养、保健、繁殖管理等融为一体，最终达到预定的生产目的。从已有的生产分析，一年两产体系的技术密集、难度大，但只要按照标准程序执行，可以达到一年两产。一年两产的第一产宜选在12月，第二产选在7月。

(2) **两年三产方法及应用效果**　两年三产是国外20世纪50年代后期提出的一种生产体系，沿用至今。要达到两年三产，母羊必须8个月产羔一次。该生产一般有固定的配种和产羔计划，如5月配种，10月产羔；1月配种，6月产羔；9月配种，次年2月产羔。羔羊一般2月龄断乳，母羊断乳后1个月配种。为达到全年均衡产羔，在生产中可将羊群分成8个月产羔间隔相互错开的4个组，每2个月安排一次生产。这样每隔2个月就有一批羔羊屠宰上市。如果母羊在第一组内妊娠失败，2个月后可参加另一个组的配种。用该体系组织生产，生产效率比一年一产体系增加40%，该体系的核心技术是母羊的多胎处理、发情调控和羔羊早期断乳。

(3) **三年四产方法及应用效果**　三年四产体系是按产羔间隔9个月设计的，由美国ELTSVILLE试验站首先提出。这种体系适用于多胎品种的母羊，一般首次在母羊产后第4个月配种，以后则是在第3个月配种，即5月、8月、11月和次年2月配种，1月、4月、6月和10月产羔。这样，全群母羊的产羔间隔为6个月和9个月。

(4) **三年五产方法及应用效果**　三年五产体系又称为星式产羔体系，是一种全年产羔方案，由美国康奈尔大学的伯拉·玛吉设

计提出。羊群分为3组，第1组母羊在第一期产羔，第二期配种，第四期产羔，第五期配种；第2组母羊在第二期产羔，第三期配种，第五期产羔，第一期再次配种；第3组母羊在第三期产羔，第四期配种，第一期产羔，第二期再次配种。如此反复，产羔间隔为7.2个月。对于一胎产1只羔羊的母羊，一年可获得1.67只羔羊；若一胎产2只羔羊，一年可获得3.34只羔羊。

（5）**机会产羔方法及应用效果**　该体系是根据市场设计的一种生产体系。按照市场预测和市场价格组织生产，若市场较好立即组织一次额外的产羔，尽量降低空怀母羊数。这种方式适合于个体养羊者。

总之，羊的频密产羔技术是提高绵羊生产的一项重要措施，具有很大的发展潜力。这项技术的综合性强，在羊繁殖生产中应因地制宜。采用现代繁殖生物技术，建立全年性发情配种的生产系统，并根据当地的自然生态条件，有计划引进优良种羊开展品种改良工作。

60. 羊的配种方法有哪些？

羊的配种方法可大体分为自然配种和人工授精两类。

（1）**自然配种**　就是在羊的繁殖季节，将公、母羊混群，实行自然交配，也叫本交（图3-2）。通常采用大群配种，即将一定数量的母羊群按公、母比为1：（30～40）的比例混群放牧，使其中的每一只公羊与每一只母羊都有同等的机会自由交配。这种方法节省人力，受胎率也高。但由于公母羊混群放牧，公羊追逐母羊交配，影响公母羊的放牧采食，公羊的精力消耗太大，更重要的是无法确切知道后代的血缘关系，不能进行有效的选配工作；另外，由于不知道母羊的确切交配时间，所以无法预测母羊的预产期。

图 3-2　自然配种

（2）人工授精　是借助于机械，以人为的方法获取公羊的精液，经过精液品质检查和一系列处理，再通过机械将精液注入发情母羊生殖道内，以达到受胎目的的一种配种技术。与自然配种相比，人工授精具有以下优点：可扩大优良公羊的利用率，提高母羊的受胎率，节省购买和饲养大量种公羊的费用，减少疾病的传播等。

61. 羊人工授精的技术要点有哪些？

羊的人工授精技术要点主要有以下几点：

（1）人工授精站的建设　在人工授精站选址时，一般应对羊群的分布、环境条件及交通等因素进行综合考虑。规划人工授精站时，一般包括采精室、精液

视频4

处理室、消毒室、输精室、工作室及公羊室、试情公羊室、试情母羊室、待配母羊舍（表3-1）。其次，应及时选购人工授精所需的器械和药品。再有，要养好管好种公羊。对确定参加人工授精

的母羊，要单独组群，认真管理，防止公、母羊混群而发生偷配现象，扰乱人工授精计划。

表3-1　人工授精场地各部分面积

场地	采精场地	人工授精室	授精场地
面积（米²）	12～20	8～12	20～30

（2）**采精**　采精是人工授精的第一环节。羊精液采集最常应用的是假阴道采集法（图3-3）。该方法的要点：①进行全面消毒。凡是人工授精使用的器械，都必须经过严格的消毒。已消毒的器材、药液要防止污染，并注意保温。②准备好台羊。台羊一般是指发情的活母羊或假台羊，作为公羊爬跨射精的对象而达到采精的目的。③准备假阴道。经过安装和消毒、灌注温水、涂抹润滑剂、验温和吹气加压等过程后，用纱布盖好假阴道入口，准备采精（表3-2）。

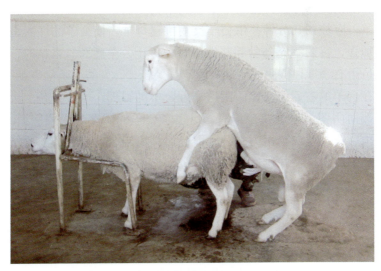

图3-3　采　精

表3-2　羊人工授精所需主要器械

名称	单位	数量	用途
普通显微镜 (400 ～ 600倍)	台	1	检查精子密度、活力
假阴道	套	3 ～ 5	采集精液
集精杯	个	5 ～ 10	收集精液
输精枪	个	5 ～ 10	输精
开膣器	个	3 ～ 5	打开母羊生殖道，便于观察子宫颈口
保温桶 (1 ～ 2升)	个	1	贮存精液
手电筒	个	2	输精时提供照明，照亮生殖道
消毒锅	个	1	消毒采精器械

采精具体方法：把公羊牵引到采精场后，不要立即让其爬跨母羊，应控制几分钟，用公羊反复挑逗母羊，使公羊的性兴奋不断加强，待阴茎充分勃起并伸出时，再让公羊爬跨。采精时，采精员用右手握住假阴道后端，固定好集精杯，并将气嘴活塞朝下，蹲在台羊的右后侧，让假阴道靠近公羊的臀部；当公羊跨上台羊背部而阴茎尚未触及台羊时，迅速将公羊的阴茎导入假阴道内，公羊后躯急速向前用力一冲，即已射精完毕。此时顺公羊动作向后移下假阴道，并迅速将假阴道竖起，集精杯一端向下，打开活塞，放出空气，取下集精杯，盖好瓶盖，送精液处理室待检。

（3）精液品质检查　精液品质检查是人工授精操作的第二环节，其目的在于了解所采集的精液是否符合输精要求（图3-4）。精液品质检查主要从射精量、颜色、气味、云雾状、精子活力及精子浓度等几个方面，综合评定精液的品质。

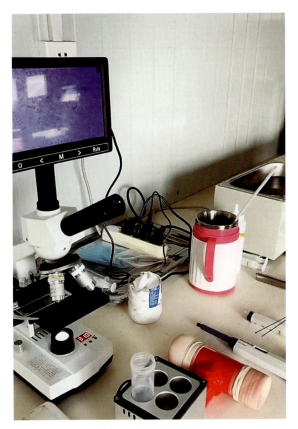

图3-4　精液品质检查

（4）精液的稀释和输精

1）精液稀释　稀释液主要有以下两种：

①0.9%氯化钠溶液。

②乳汁稀释液。将乳汁（牛奶或羊奶）用四层纱布过滤到容器中，然后煮沸消毒10～15分钟，取出冷却，除去乳皮即可应用。稀释应在室温下进行。绵羊和山羊的精液一般可作2～4倍稀释，以供输精之用（图3-5）。

图3-5　精液稀释

2）输精　输精是人工授精的最后一个环节。输精时间一般在绵羊和山羊发情开始后10 ~ 36小时内为宜。输精量应输入前进运动精子数0.5亿个。对新鲜原精液，一般应输入0.05 ~ 0.1毫升，稀释液（2 ~ 3倍）应为0.1 ~ 0.3毫升。输精部位应在子宫颈口1 ~ 2厘米处（图3-6、图3-7）。输精后的母羊应保持2 ~ 3小时的安静状态，不要接近公羊或强行牵拉，因为输入的精子通过子宫到达输卵管授精部位需要有一段时间。

（5）做好人工授精记录　种公羊采精记录：主要记载采精日期和时间、射精量、精子活力、颜色、密度、精液稀释倍数、输精母羊号。母羊输精记录：主要记载输精母羊号、年龄、输精日期、精液类型、与配公羊号、精液稀释倍数。

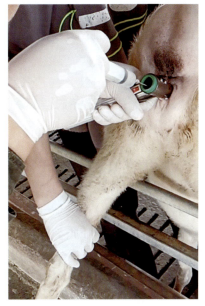

图 3-6　输　精

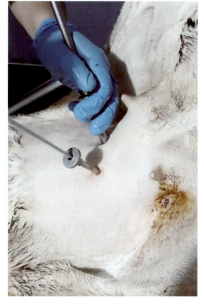

图 3-7　腹腔镜输精

62. 评定羊繁殖力的方法有哪几种？

繁殖力是表示羊维持正常繁殖机能而生育后代的能力。通常以下列几种方法评判羊的繁殖力。

(1) 受配率　表示本年度内参加配种的母羊数占羊群内适龄繁殖母羊数的百分率。主要反映羊群内适龄繁殖母羊的发情和配种情况。

(2) 受胎率　指在本年度内配种后妊娠母羊数占参加配种母羊数的百分率。

(3) 产羔率　指产羔母羊产羔数占分娩母羊数的百分率。

(4) 羔羊成活率　指在本年度断奶成活的羔羊数占本年度出生羔羊数的百分率。反映羔羊培育成绩。

（5）繁殖成活率　指本年度内断奶成活的羔羊数占本年度羊群中适龄繁殖母羊数的百分率。是母羊受配率、受胎率、产羔率、羔羊成活率的综合反映。

63. 什么是胚胎移植？胚胎移植的程序和具体操作过程是什么？

胚胎移植是从经超数排卵处理的供体母羊的输卵管或子宫内取出胚胎，将其移植到另一群受体母羊的输卵管或子宫内，达到由受体母羊代孕产生供体母羊后代的目的（图3-8）。这是一种让少数优秀供体母羊产生较多的具有优良遗传性状的胚胎，依靠多数受体母羊妊娠、分娩而达到加快优秀供体母羊品种繁殖的先进繁殖技术（图3-9）。

图3-8　胚胎移植羊群

三、羊的繁殖调控

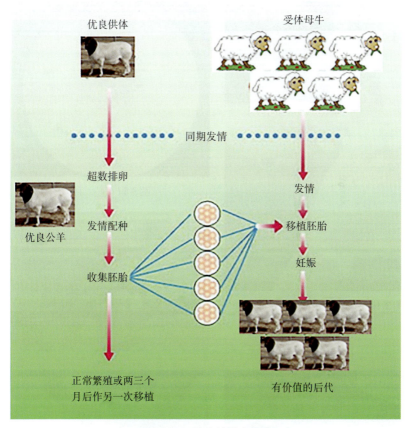

图3-9　胚胎移植技术示意

　　在自然情况下，母羊的繁殖是从发情排卵开始的，经过配种、受精、妊娠直到分娩为止，胚胎移植是将这个自然繁殖程序由不同类别母羊来分别承担完成。供体母羊只提供胚胎，首先对供体母羊进行同期发情处理和超数排卵处理（用激素处理使母羊排多个卵子）（图3-10）；再用优良种公羊配种，使供体母羊生殖道内产生较多胚胎（图3-11）；然后将这些胚胎取出（图3-12），经过检验后（图3-13），移入受体母羊生殖道的相应部位（图3-14）。受体母

83

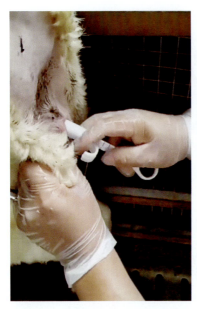

图 3-10　埋置孕酮栓

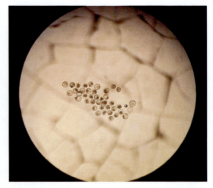

图 3-11　胚　胎

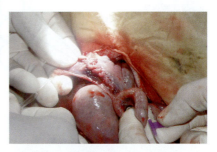

图 3-12　冲　胚

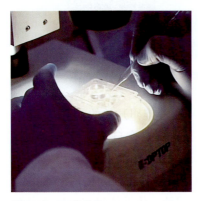

图 3-13　胚胎检验

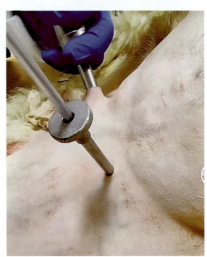

图 3-14　移植胚胎

羊必须与供体母羊同时发情并排卵，否则不予配种。这样移入受体母羊的胚胎才能继续发育，完成妊娠过程，最后分娩产出羔羊。

胚胎移植的操作过程包括：供体母羊的选择和检查；供体母羊发情周期的记载；供体母羊超数排卵处理；供体母羊的发情和人工授精；受体母羊的选择；受体母羊的发情记载；供体、受体母羊的同期发情处理；供体母羊的胚胎收集；胚胎的检验、分类、保存；受体母羊移入胚胎；供体、受体母羊的术后管理；受体母羊的妊娠诊断；妊娠受体母羊的管理及分娩；羔羊的登记。

64. 提高肉羊繁殖力的方法主要有哪几种？

提高肉羊繁殖力的方法主要有以下几种：

（1）选择多胎羊的后代留作种用　羊的繁殖力是有遗传性的。一般母羊若在第一胎时生产双羔，则这样的母羊在以后的胎次中，产双羔的重复力较高。许多试验研究指出，选择具有较高生产双羔潜力的公羊进行配种，比选择母羊在遗传上更有效。

（2）提高种公羊和繁殖母羊的营养水平　羊的繁殖力不仅要从遗传角度提高，而且在同样的遗传条件下，更应该注意外部环境对繁殖力的影响。这主要涉及肉羊生产者对羊的饲养管理水平。营养水平对羊的繁殖力影响极大。种公羊在配种季节与非配种季节均应给予全价的营养物质。因为对种公羊而言，良好的种用体况是基本的饲养要求。由于母羊是羊群的主体，是肉羊生产性能的主要体现者，同时兼具繁殖后代和实现羊群生产性能的重任，所以母羊的营养状况具有明显的季节性。进行肉羊生产时，至少应做到在妊娠后期及哺乳期对母羊进行良好的饲养管理，以提高羊群的繁殖力。

（3）调整畜群结构，增加适龄繁殖母羊的比例　畜群结构主要指羊群中的性别结构和年龄结构。从性别方面讲，有公羊、母羊、羯羊三种类型的羊,母羊的比例越高越好;从年龄方面讲,有羔羊、周岁羊、2岁羊、3岁羊、4岁羊、5岁羊及老龄羊,年龄由小到大的个体比例逐渐减少,从而使羊群始终处于一种动态的、后备生命力异常旺盛的状态。总体来说,希望增加羊群中的适龄(2~5岁)繁殖母羊,这实际上已经包括了性别和年龄两个因素。

(4)应用免疫法提高繁殖力 免疫是识别和清除"异己"物质,从而使机体内外环境保持平衡的生理机能。繁殖免疫主要有公畜的精子和精清抗原性及母畜的妊娠免疫、母畜自身免疫、激素免疫等。

(5)做好母羊接产 母羊妊娠期为150天左右,临产前7天进入产房。产房提前1周彻底清扫消毒,铺上垫草,舍温保持8℃以上。接产所用各种器具清洗消毒,接产人员剪短指甲并消毒。临产前母羊的尾根、外阴部及肛门洗净,用1%来苏儿擦洗消毒,再用消毒的布擦干。羔羊产出后要用碘酒涂擦脐带断端以防感染。如遇胎儿过大或胎位不正要及时矫正胎位、人工助产,确保羔羊顺利产出。如遇假死羔羊要及时救治,先清除口、鼻内的黏液和胎水,擦拭净鼻孔、向鼻孔吹气或进行人工呼吸。如羔羊冻僵要移入温室,放入38~40℃的水中温浴20~30分钟,头部不能入水。实践证明:在预产前3天注射雌二醇苯甲酸盐或氯前列烯醇液1~2毫升,可使90%的母羊在48小时内产羔,控制母羊白天产仔,易于护理,羔羊成活率高。

(6)适时断奶早配 羔羊出生后1~2小时内吃足初乳,7~10天诱食吃料。羔羊4个月左右可断奶,一年产两次羔的可提早断奶。发育差和计划留作种用的羔羊可适当延长断奶时间,羔羊断奶前要加强饲喂。一般采取一次断奶,对代哺或人工哺乳羔羊在7天内逐渐断奶。断奶羔羊仍留原圈饲养。母羊产后第一次发情一般在1~1.5个月,应实行羔羊早期断奶,再用激素处理母羊10天左右。停药后注射孕马血清促性腺激素(PMSG)即可引起母羊发

情排卵，及时配种受胎，提高年产胎数。

(7) **加强管理工作** 保持羊舍冬暖夏凉、向阳避风、不漏雨、不潮湿。每天清扫羊舍，勤换垫草，保证洁净干燥。羊舍四周及舍内空栏时用0.02%的速灭杀丁喷雾消毒，秋冬和早春各用药一次。定期给羊驱虫和防疫注射，但孕羊禁用。每年春夏两季给羊各修蹄一次，每天刷拭羊体一次，做到草、水、饲槽、羊舍、羊体干净。发现病羊及早诊治。

65. 母羊分娩前有哪些预兆？分娩的特点是什么？

母羊临产前乳房胀大，乳头直立，用手挤时有少量黄色初乳，阴门肿胀、潮红，有时流出浓稠黏液。骨盆部韧带松弛，临产前2～3小时最明显。

在分娩前数小时，母羊表现精神不安，频频转动或起卧，有时用蹄刨地，排尿次数增多，不时回顾腹部；经常独处墙角卧地，四肢伸直，努责。放牧母羊常常掉队或卧地休息。

母羊分娩过程是在努责开始时卧下，由羊膜绒毛膜形成白色、半透明的囊状物至阴门突出，膜内有羊水和胎儿（图3-15）。羊膜绒毛膜破裂后排出羊水，几分钟至30分钟产出胎儿。正常胎位的羔羊出生时一般两前肢及头部先出，头部紧靠在两前肢的上面。若产双羔，前后间隔5～30分钟，

图3-15　分娩母羊

但也有长达数小时以上的。胎儿产下后2～4小时排出胎衣，母羊子宫很快复原。

66. 正常分娩的助产方法有哪些？

分娩是母羊的正常生理过程，一般情况下不需要干预。接产人员的责任是监视分娩情况和护理羔羊。但在出现以下情况时，为保护母仔安全，需要助产。

（1）当羊水流出，胎儿尚未产出时，若母羊阵缩及努责无力，即需要助产。

（2）胎头已露出阴门外，而羊膜尚未破裂，应立即撕破羊膜，使胎儿的鼻端露出将口鼻内的黏液擦净，待其产出。

（3）正常胎位到生时，为防止胎儿的胸部在母羊骨盆内停留过久，脐带被挤压，因供血和供氧不足引起窒息，应迅速助产拉出胎儿。

（4）对产双羔和多羔的母羊，在产第二、三只羔羊时，如母羊乏力也需要助产。

助产的一般方法是：接羔员蹲在母羊的体躯后侧，用膝盖轻压其欣部，待羔羊嘴部露出后，用一手向前推动母羊的会阴部；待羔羊的头部露出时再用一手拉住头部，另一手握住前肢，随母羊努责向后下方拉出胎儿。母羊产羔后站起，脐带自然断裂。在脐带断端涂5%的碘酒消毒。如脐带未断，可在离脐带基部约10厘米处用手指向脐带两边撸血后拧断，然后消毒。

羊的营养需要与饲料加工

67. 羊的营养需求包括哪几个方面？

动物维持正常的生长发育和生产，必须从饲料中摄取营养物质，如蛋白质、脂肪、维生素和矿物质等，用于满足维持、繁殖、生长、哺乳、育肥、毛产等方面的营养需求。

（1）维持需要　维持需要是指羊在休闲状态下，维持其生命正常活动所需的营养总和。只有在满足维持需要之后，其余的部分才能用来繁殖和生产产品。

（2）繁殖需要　繁殖使公、母羊的活动量增加、代谢增强，所需要的营养物质相应增加。例如，在繁殖季节，公羊在维持基础上需增加能量20%～30%，蛋白质40%～50%，以及适量的矿物质、维生素和有机酸等。母羊妊娠期间代谢增强15%～30%，并且准备泌乳，共增重8～15千克。其中80%是妊娠后期增加的。所以在妊娠期间应给母羊增加30%～40%的能量和40%～50%的蛋白质。

（3）生长需要　羊从出生到1.5～2.0岁初配以前，是生长发育时期。羔羊哺乳期生长迅速，一般日增重可达200～300克，要求饲料和蛋白质的数量足、质量好。应当充分利用幼龄羊生长快和饲料转化率高的特点，喂好幼羊，为成年时产肉、产乳奠定基础。同时，营养丰富情况下，羊体各部分和组织的生长才能体现其品种遗传特性。

（4）泌乳需要　哺乳羔羊每增重1千克需要母乳5千克，而每产生1千克母乳需能量6 276 ~ 7 531千焦、可消化蛋白质55 ~ 65克、钙3.6克、磷2.4克。饲料中所含的纯蛋白质必须高出乳中所含纯蛋白质的1.5倍，其他矿物质和维生素等也应适量供给。

（5）育肥需要　育肥就是增加羊体肌肉和脂肪，改善羊的品质。所增加的肌肉主要由蛋白质构成，增加的脂肪主要蓄积在皮下结缔组织、腹腔和肌间组织。育肥时所供给的营养物必须超过维持需要，这样才能蓄积肌肉和脂肪。育肥羔羊包括生长和育肥两个过程，所以营养充分时增重快、育肥效果好。

（6）产毛需要　羊毛主要是由蛋白质构成，产1千克羊毛约需8千克植物性蛋白质。

68. 营养物质的特点以及与羊的关系是什么？

（1）能量的需要特点　肉羊生命和生产活动都离不开能量，能量是肉羊最基本的营养需要之一，必须予以满足。能量主要来源于饲料中的糖类，在羊采食的各种饲草和农作物秸秆中都含有丰富的能量，但当饲草和农作物品质下降时，需要及时补充含能量高的精饲料（如玉米等），以满足肉羊对能量的需要。肉羊不同生理阶段及不同生产条件下对能量的需要是有差异的，如母羊妊娠后期、哺乳前期及羔羊生长发育阶段、育肥阶段都需要更多能量；另外当冬季气温降低时羊的能量需要增加。因此，在生产中要随时根据生产的需要调整饲料中能量的含量和饲料的供给量。

（2）**蛋白质的需要特点**　蛋白质是由多种氨基酸组成的，对蛋白质的需求也就是对氨基酸的需求，其是细胞的重要组织成分，参与机体内代谢过程中的生化反应，在生命过程中起着重要作用。肉羊对蛋白质的数量和质量要求并不严格，因瘤胃微生物能利用蛋白氮和氨化物中的氮合成生物价值较高的菌体蛋白。但瘤胃中微生物合成必需氨基酸的数量有限，60%以上的蛋白质需从饲料中获得。羔羊生长阶段、妊娠后期母羊、哺乳期母羊单靠瘤胃微生物合成必需氨基酸是不够的。因此，合理的蛋白质供给对提高饲料转化率和生产性能很重要。羊对蛋白质的需求量随年龄、体况、体重、妊娠、泌乳等不同而异。幼龄羊生长发育快，对蛋白质需求量就多。随年龄的增长生长速度减慢，其对蛋白质的需求量下降。妊娠羊、泌乳羊、育肥羊对蛋白质需求量相对较高。

（3）**矿物质的需要特点**　肉羊体组织中的矿物质占3%～6%，是生命活动的重要物质，几乎参与所有生理过程。缺乏时会引起神经系统、肌肉运动、食物消化、营养运输、血液凝固、体内酸碱平衡等功能紊乱，影响羊的健康乃至引起羊死亡。钙、磷占体内矿物质总量的65%～70%，长期缺乏钙、磷或钙、磷比例不当和维生素D不足，幼龄羊会出现佝偻病，成羊发生骨软症和骨质疏松症。钾、钠和氯在维持体液的酸碱平衡和渗透压方面起重要作用。硫是瘤胃微生物利用非蛋白氮合成微生物蛋白的必需元素。因此，在生产中应重视矿物质饲料的供应。

（4）**维生素的需要特点**　维生素是羊维持生命活动、生长、繁殖及生产所必需的营养物质，在饲料中所占的比例很小，但所起到的作用却非常大，对羊体内蛋白质、能量的利用效果起到调节作用。羊瘤胃中的微生物可以合成部分的维生素，所以在夏季食用青草季节，羊一般不会出现维生素缺乏症，当冬季牧草品质不良时或长时期舍饲养羊，应在饲料中添加富含维生素的胡萝卜和优质青干草或维生素补充饲料。

69. 羊对粗饲料的消化利用有什么特点？

羊对粗饲料的消化利用主要依靠瘤胃。瘤胃为微生物提供了良好的生存环境，使微生物与羊形成"共生关系"，彼此有利。羊能够较好地利用粗纤维，全依靠瘤胃内的微生物。羊本身不能产生粗纤维水解酶，而微生物可以产生这种酶，可把饲料中的粗纤维分解成容易消化的碳水化合物。微生物利用瘤胃的环境条件和瘤胃中的营养物质大量繁殖，形成大量的菌体蛋白，随着胃内容物的下移和微生物的死亡解体，在小肠被羊吸收利用，使羊得到大量的蛋白质营养物质，所以说瘤胃是绵羊利用粗纤维的关键场所。

70. 为什么羊在哺乳期需要较多的营养？

哺乳期的羔羊每增重100克就需母羊乳500克，而生产500克乳需要3 138千焦代谢能、33克可消化蛋白质、1.2克磷、1.8克钙。

羊乳含有乳酪素、乳白蛋白、乳糖和乳脂，这些成分都是饲料内不存在的，是由乳腺细胞分泌而来，因此，必须由饲料中供给蛋白质、碳水化合物，乳腺细胞才能加工制造。乳酪素和乳蛋白是生物价值最高的蛋白质，饲料中供给的纯蛋白质，必须高出乳中所含纯蛋白质1.4 ~ 1.6倍。饲料中蛋白质、碳水化合物、维生素供给不足时，不但影响羊的泌乳量，而且还降低乳脂的含量，使羊的体况下降。

羔羊在整个哺乳期内，日增重达200 ~ 300克，哺乳期的前8周，羔羊营养物质来源全靠母乳，说明母羊在泌乳期的营养物质用于泌乳育羔的需要。

71. 什么是肉羊的精饲料和精饲料补充料？

蛋白质饲料和能量饲料均属于肉羊的精饲料。例如，玉米、麸皮、小麦、大麦、高粱、米糠、次粉等能量饲料，豆饼、豆粕、菜籽饼、棉籽粕、花生粕、向日葵粕、胡麻粕、鱼粉等蛋白质饲料，这些饲料都属于精饲料。

肉羊的精饲料与单胃动物的全价配合饲料有所不同，其重在补充粗饲料的营养不足，其营养含量应根据粗饲料的质与量，以及动物的生产性能而定，故称为精饲料补充料。肉羊饲养主要以青粗饲料为主，精饲料补充料是包含能量饲料、蛋白质饲料、钙磷补充料、食盐和各种添加剂，能补充青粗饲料养分不足的配合饲料。粗饲料、青绿饲料、青贮饲料、能量饲料、蛋白质饲料、矿物质饲料等各种饲料的营养价值虽然有高有低，但没有一种饲料的养分含量能完全符合肉羊的需要。对肉羊来说，单一饲料中各种养分的含量，总是有的过高、有的过低。只有把几种饲料合理搭配，才能获得与肉羊需要基本相似的饲料。配制优质的精饲料补充料，对养好肉羊、提高肉羊生产力、降低饲料成本、提高经济效益十分重要。

72. 精饲料——谷实类饲料有什么营养特性？

精饲料是富含无氮浸出物与消化总养分、粗纤维低于18%的饲料。谷实类饲料是精饲料的主体，含大量的无氮浸出物，占干物质的71.6%～90.3%，其中主要是淀粉，占82%～90%；一般粗蛋白含量不到10%，粗纤维含量在6%以下，脂肪含量在2%～5%，水分含量13%左右。由于淀粉含量高，所以饲料中的能量较高，故又将谷实类饲料称为能量饲料。能量饲料是各配合饲料中最基本和最重要的原料，也是用量最大的饲料。谷实类饲料在羊所采食的饲料中占的比例虽不大，但却是羊主要的补饲饲料。一般稍加粉碎即可饲喂，不可粉碎过细，以免影响羊的反刍。最常用和较经济的谷实类饲料有玉米、高粱、大麦和燕麦等。

73.哪些饲料是能量饲料？

能量饲料是指干物质中粗纤维含量小于18%和粗蛋白含量小于20%的一类饲料。这些饲料含水量低，有机物中主要是可溶性淀粉和糖（一些籽实类饲料中还含有较多脂类），有机养分的消化率高，可利用能量高，是以提供肉羊能量为主的饲料。能量饲料中无氮浸出物含量为59%～80%，消化率为90%（糠麸类除外），粗蛋白含量低（3.7%～14.2%）；除某些糠麸类粗纤维达17%外，干物质中粗纤维含量低；粗脂肪在糠麸类中最高可达19%；B族维生素含量较丰富，缺乏维生素A（但黄玉米含胡萝卜素）和维生素D；钙少磷多，钙、磷比例严重失调。能量饲料的种类主要有：谷实类，如玉米（图4-1）、小麦（图4-2）、高粱、稻谷与糙米等；

图4-1　玉　米

粮食加工副产品，如米糠、麦麸（图4-3）、玉米种皮等；淀粉质块根、块茎、瓜果类饲料干制品；饲用油脂（包括植物油和动物脂肪）及其他。

图4-2 小　麦

图4-3 麦　麸

74. 哪些饲料属于蛋白质饲料？

蛋白质饲料是指饲料干物质中粗蛋白含量大于或等于20%、粗纤维含量小于18%的一类饲料。这类饲料的粗蛋白含量高，如豆类含20%~40%粗蛋白，饼粕类含33%~50%粗蛋白，动物类粗蛋白含量高达85%。动物性蛋白质品质好，限制性氨基酸含量丰富。蛋白质饲料在肉羊饲料中的用量比能量饲料少得多。常见的蛋白质饲料有下列几种。

（1）**植物性蛋白饲料** 包括豆类，如大豆、蚕豆和黑豆等；饼粕类，如大豆、花生、葵花籽、棉籽、油菜籽、芝麻和胡麻等经压榨或浸提取油后的副产物（图4-4、图4-5）；糟渣类，如酒糟、醋糟、豆腐渣、酱油渣、粉条渣、饴糖渣等。

图4-4 豆 粕

图4-5　菜籽饼

　　(2) 单细胞蛋白饲料　主要指利用发酵工艺或生物技术生产的细菌酵母和真菌等，也包括微型藻（如螺旋藻、小球藻）等。

　　(3) 非蛋白氮　主要包括尿素、缩二脲、异丁叉二脲和铵盐。虽然严格讲，非蛋白氮不是蛋白饲料，但由于它能被肉羊瘤胃中的微生物用来合成菌体蛋白，微生物又被肉羊的第四胃（又称真胃或皱胃）和肠道消化，所以肉羊能间接利用非蛋白氮。可以在肉羊饲料中适当添加非蛋白氮，以替代部分饲料蛋白。

75. 蛋白质在养羊生产中起什么作用？羊能利用非蛋白氮转化为蛋白质吗？

　　蛋白质是羊体所有细胞、器官的主要组成成分，羊体内的酶、抗体、内分泌物、色素及对有机体起消化、代谢、保护作用的特殊物质，羊的各种产品如羊毛、羊肉、羊奶、羊皮等，都是由蛋白质构成。羊的生命活动离不开蛋白质，羊的各种产品也离不开蛋白质。蛋白质是羊的主要营养物质之一，饲料中缺乏蛋白质则羊生长发育受阻，羊毛变细或生长停滞，孕羊产死胎或弱羔，哺乳母羊无奶，公羊性欲不强、精液品质降低。因此，蛋白质在羊的营养上具有特殊地位。

羊能够利用非蛋白含氮化合物，如尿素、缩二脲、磷酸氢二铵、碳酸氢铵、氯化铵等，通过瘤胃微生物转化为蛋白质。

尿素中含有44%～46%的氮，1千克尿素中氮的含量相当于7千克大豆饼中蛋白质中氮的含量。100克尿素相当于200克可消化蛋白质，在蛋白质饲料短缺的地方，尿素是很有潜力的补充饲料。

尿素的使用并不适用于所有家畜，只适用于成年的反刍动物。幼年反刍动物因瘤胃中微生物区系尚未发育正常，故羔羊不能使用。

瘤胃中一些厌气性发酵微生物，其中绝大多数能够以尿素等非蛋白含氮化合物为唯一氮源，并利用碳水化合物分解后产生的有机酸作为能源，在瘤胃中进行大量的生长和繁殖，从而合成单细胞菌体蛋白质。

76. 什么是粗饲料？饲喂肉羊的优质粗饲料有哪些？

粗饲料是指含有高纤维的牧草或豆科植物的茎叶部分，粗饲料粗糙的物理形状（碎片尺寸长于2.5厘米）有助于瘤胃功能的发挥，是肉羊日粮中不可缺少的成分。

粗饲料包括草、豆科植物、作物秸秆（玉米秸秆、麦秸、稻草等）和工业副产品。

从营养角度看，粗饲料可粗略划分为优质粗饲料（多汁的嫩草、成熟期的豆科植物茎叶）和劣质粗饲料（玉米秸秆、麦秸、稻草）。青贮饲料和苜蓿干草（图4-6）是喂肉羊的两种最常用的优质粗饲料。

图4-6　苜蓿干草

77.粗饲料的营养特点是什么？牧草什么时间收获最佳？

（1）粗饲料的营养特点　①体积大；②高纤维、低能量；③蛋白质含量各异。

（2）粗饲料的适时利用　牧草收割时期可极大地影响其饲喂价值。牧草的生长阶段可分为三个连续的时期，即茎叶生长期、开花期和种子形成期。通常，牧草的饲喂价值在茎叶生长期是最高的，而在种子形成期是最低的。随着牧草的成熟，所含有的蛋白质、能量、钙、磷和可消化营养物质降低，而纤维成分升高。

由于纤维成分的增加，纤维中的木质素也相应提高。木质素是不能被动物消化的，并使纤维中的碳水化合物难以被瘤胃微生物所利用，从而降低了牧草的能量价值。

因此，用于饲喂肉羊的牧草应在其早期成熟阶段收割或放牧，用作青贮饲料的玉米和高粱宜在种子形成期收获。

78. 秸秆类饲料的营养特性是什么？

（1）玉米秸　玉米秸（图4-7）依收获方式分为收获籽实后的黄玉米秸（或干玉米秸）和青刈玉米秸（籽实未成熟即行青刈）。青刈玉米秸的营养价值高于黄玉米秸，青嫩多汁，适口性好，胡萝卜素含量较多，为3～7毫克/千克。可青喂、青贮和晒制干草供冬春季饲喂。生长期短的春播玉米秸比生长期长的玉米秸的粗纤维含量少，易消化。同一株玉米，上部比下部的营养价值高，叶片比茎秆营养价值高，玉米秸的营养价值优于玉米芯。

图4-7　玉米秸

（2）**麦秸** 麦秸（图4-8）的营养价值较低，粗纤维含量较高，并有难以利用的硅酸盐和蜡质。羊单纯采食麦秸类饲料饲喂效果不佳，有的羊口角溃疡，俗称"上火"。在麦秸饲料中燕麦秸、荞麦秸的营养价值较高，适口性也好，是羊的优质饲草。

图4-8 麦 秸

（3）**谷草** 谷草的质地柔软厚实、营养丰富，含可消化粗蛋白、可消化总养分较麦秸、稻草高。在禾谷类饲草中，谷草主要的用途是制备干草，供冬、春季饲用。因为谷草属凉性饲草，所以长期饲喂谷草不利于羊育肥。

（4）**豆秸** 豆秸（图4-9）是各类豆科作物收获籽粒后的秸秆总称，包括大豆、黑豆、豌豆、蚕豆、豇豆、绿豆等的茎叶，它们都是豆科作物成熟后的副产品，叶子大部分都已凋落，即使有一部分叶子也已枯黄，茎也多木质化，质地坚硬，粗纤维的含量较高。但其中粗蛋白的含量和消化率较高，若压扁、豆荚仍保留在豆秸上，这样豆秸的营养价值和利用率都得到提高。青刈大豆秸的营养价值接近紫花苜蓿。在豆秸中蚕豆秸和豌豆秸粗蛋白含量最高、品质较好。

图4-9　豆　秸

（5）花生藤、甘薯藤及其他蔓秧　花生藤（图4-10）和甘薯藤都是收获地下根茎后的地上茎叶部分，这部分藤类虽然产量不高，但茎叶柔软、适口性好，营养价值和采食利用率、消化率都较高。甘薯藤、花生藤干物质中的粗蛋白含量较高。

图4-10　花生藤

79. 如何种植和利用常用优质牧草？

（1）紫花苜蓿

①品种介绍：紫花苜蓿也叫紫苜蓿、苜蓿，素以"牧草之王"著称（图4-11）。紫花苜蓿不仅产草量高、草质优良，富含粗蛋白、维生素和无机盐，而且蛋白质中氨基酸比较齐全。干物质中粗蛋白含量为15%～25%，相当于豆饼的一半，比玉米高1～1.5倍。适口性好，可青饲、青贮或晒制干草。

②种植技术：紫花苜蓿为多年生草本植物，根系发达，入土达3～6米，株高100～150厘米，茎分枝多。喜温暖半干旱气候，生长最适日均温度为15～20℃。对土壤要求不严格，沙土、黏土均可生长，但最适土层深厚、富含钙质的土壤。生长期间最忌积水，要求排水良好、耐盐碱，在氯化钠含量0.2%以下地区生长良好。

紫花苜蓿种子细小，播前要求精细整地，在贫瘠土壤上需施入适量厩肥或磷肥用作底肥。一年四季均可播种，在墒情好、风沙危害少的地方可春播。春季干旱、晚霜较迟的地区可在雨季末播种。一般多采用条播，行距为30～40厘米，播深为1～2厘米，每亩播种量为1～1.5千克。

苗期生长缓慢，易受杂草侵害，应及时除苗。在早春返青前或每次刈割后进行中耕松土，干旱季节和刈割后应及时浇水。

③利用技术：紫花苜蓿再生能力较强，每年可收割2～5次，多数地区以每年收割3次为宜。一般每亩产干草600～800千克，高者可达1 000千克。通常4～5千克鲜草晒制1千克干草。晒制干草应在10%植株开花时刈割，留茬高度以5厘米为宜。条件允许时，每次收割后应进行追肥、浇水、中耕。用苜蓿青草喂羊时，应控制采食量，以防止瘤胃臌胀。

图4-11　苜　蓿

（2）红豆草

①品种介绍：红豆草（图4-12）为多年生牧草，寿命2～7年，根系强大，抗旱性较强。红豆草喜温暖干燥气候，抗旱能力超过紫花苜蓿，但抗寒能力不及紫花苜蓿。在年均气温为12～13℃、年降水量为350～500毫米的地区生长最好，是干旱及半干旱地区最主要的豆科牧草。

图4-12　红豆草

②种植技术：红豆草种子较大，发芽出土较快，播种后3～4天即可发芽，6～7天出苗。红豆草种子一般带荚播种，播种前应精细整地，施足基肥。基肥以有机肥、磷肥、钾肥为主，也可施少量氮肥。红豆草在项目区以春播为宜。每亩播种量为3～4千克，播种深度为3～4厘米，播种后应适当镇压。播种方法以条播为主，行距30厘米左右。红豆草播种后出苗前若遇雨土壤板结，应及时进行耙地破除板结，否则影响出苗，造成严重缺苗。苗期易受杂草危害，应及时中耕除草。

③利用技术：红豆草每年可收割2～4次，无论是青饲还是调制干草，都是肉羊的优良饲草。羊采食红豆草后不会引起瘤胃臌胀。

（3）冰草

①品种介绍：冰草（图4-13）根系发达，具有横走的根茎，抗旱，耐寒，适宜干燥寒冷的气候条件，在年降水量150～400毫米的地区生长良好。对土壤要求不严，不耐盐碱，不耐水淹，是典型的旱生牧草，适宜在较干旱寒冷的地区种植。冰草生长势强，茎叶繁茂，草质优良，适口性较好，春季返青时是羊的优良饲草。

②种植技术：冰草播种前结合整地每亩施有机肥

图4-13　冰　草

1 500～2 000千克、氮磷钾复合肥30千克，以春播为好。每亩播种量为0.75～1千克，条播，行距20～30毫米，播种深度为2～3厘米，播种后适当镇压，以利出苗。

③利用技术：每年可收割2～3次，青饲、青贮、调制干草均可。

（4）无芒雀麦

①品种介绍：无芒雀麦（图4-14）为禾本科雀麦属多年生草本植物，对气候的适应强，适宜冷凉、干燥的气候条件。该草营养价值高、叶量丰富、草质好、适口性好，各种草食家畜均爱吃。

②种植技术：以夏秋雨季播种为好，播种前1个月耕翻整地，播种前再进行耙地，使地面平整，土块细碎。播种前施足底肥，一般每亩施有机肥

图4-14　无芒雀麦

1 500～2 000千克、过磷酸钙30千克。采用条播，行距15～30厘米，每亩播种量1.5～2千克，播种深度3～4厘米。可与紫花苜蓿、红豆草混播。

③利用技术：无芒雀麦可以青饲，也可以青贮或调制干草，还可以进行放牧。从生长第二年起，每年可收割2～3次。

（5）沙打旺

①品种介绍：沙打旺也叫直立黄芪、麻豆秧和薄地黄，是多年生草本植物，高1.2米，叶长圆形（图4-15）。营养价值高，干物质中含粗蛋白17%，含有丰富的必需氨基酸，是羊的优质饲草。根系发达，能吸收土壤深层的水分。在年降水量250毫米的地区生长良好，适宜生长在无霜期150天的地区，在冬季-25℃时也能安全越冬，耐寒性强。对土壤要求不严，沙丘、河滩、土层薄的砾石山坡均能生长，但不耐水淹。沙打旺一般生长4～5年即衰老。

图4-15　沙打旺

②种植技术：沙打旺种子小，种植时要翻耕土地并要平整、镇压，播种期可在春季，也可在雨季末。播种时一般采用条播，行距为60～70厘米。每亩播种量0.5千克左右，种子小，播种要浅，覆土1厘米左右，随后镇压。大面积飞机播种前种子进行丸衣化处理，地面用拖拉机耕地、除杂草，播后再耙压一次，防止种子在地面不易出苗。

③利用技术：沙打旺生长旺盛时期，每亩产鲜草4 000～5 000千克，刈割时留茬4～6厘米。

（6）甜高粱

①品种介绍：甜高粱是禾本科高粱属粒用高粱的变种，源于非洲，魏晋时期经印度传至我国，作为饲用及糖料作物被长期栽种，有"北方甘蔗"之称（图4-16）。甜高粱喜温暖气候，具有抗旱、耐涝、耐盐碱等特性，在全球大多数半干旱地区都可以生长。

对生长环境条件要求不太严格，对土壤的适应能力强，特别是对盐碱的忍耐力比玉米强，在 pH 5.0 ～ 8.5 的土壤上都能生长。在 10℃ 以上积温达 2 600 ～ 4 500℃ 就可以生长。是高能作物，其光合作用转化率高达 18% ～ 28%。

图 4-16　甜高粱

②种植技术：甜高粱芽鞘偏短，出土力弱，播种深度以 2.5 ～ 3 厘米为宜。生育期间可追施速效性肥料。每亩留苗 6 000 ～ 8 000 株，但不应超过 1 万株。播种前，先用农家肥和氮磷钾肥为底肥，把土地耕作平整，采取点播的方法播种。要求行距 50 厘米、株距 25 ～ 30 厘米。坑的深度与种普通高粱的深度相同。每个坑里放 5 ～ 6 粒种子，然后用土把坑填平。等苗长到 30 厘米时，定苗一株，拔去多余的苗。苗长到中期时，再施一次肥，不施或少施氮肥，以免影响茎秆的含糖量，以施磷肥和钾肥为主（多施钾肥）。要保持土壤的养分和湿度，适时锄草。

③利用技术：与玉米青贮方法相似。甜高粱也可以直接青饲。但必须注意：甜高粱的青绿叶片中含有氰糖苷，生长阶段被水解后会产生有害物质氢氰酸，家畜食用富含氢氰酸的高粱有中毒的

危险。除饲用甜高粱制成青贮饲料后，有毒成分会发生降解，因此不会出现中毒。制作干草时要注意避免在雨天刈割和晾晒，否则易造成糖分流失。饲用时与其他牧草搭配喂，有利于提高营养成分的利用率。

（7）苏丹草

①品种介绍：苏丹草别名野高粱，为一年生禾本科草本植物，根系发达，入土深达2米以上，株高2～3米，叶片宽大（图4-17）。抗寒能力强，在夏季炎热干旱地区，一般牧草枯萎，苏丹草还能旺盛生长。茎叶品质比青刈玉米好，柔软，适应性强，有较强的再生能力，可青刈、晒干、青贮，也是良好的放牧草。对土壤的要求不严，盐碱地如能合理施肥，可以旺盛生长。

图4-17　苏丹草

②种植技术：苏丹草主要利用茎叶作饲料，对播种与利用期无严格限制。主要以春播为主，可采用条播和撒播的办法，条播行距25～35厘米，每亩播种1.5～2千克，播种后覆土2～3厘米，出苗后及时耕除杂草。宜在株高1米时刈割，留茬8厘米左右，以利再生。苏丹草产量高，需肥量也大，翻地前应施较多的有机肥，出苗后要及时清除杂草。

③利用技术：苏丹草是羊的优质青饲料。适口性好，再生能力强，每年可刈割2～3次，每亩产青草3 000～5 000千克。适宜青饲、调制干草，也可青贮或放牧。苏丹草苗期含有毒素，放牧或饲喂易引起羊中毒，应在株高50～60厘米时放牧，或者刈割后稍加晾晒再饲喂。

(8) 玉米

①品种介绍：玉米（图4-18）也叫苞谷、苞米。原产于中南美洲的墨西哥和秘鲁，栽培历史有4 000～5 000年，世界各地均可种植。

图4-18　玉米（整株）

每亩玉米可以收获籽粒400～600千克，秸秆600～700千克。每亩青贮玉米可收获青绿饲料2 500～3 500千克。100千克玉米青贮饲料，含有6千克可消化蛋白质，相当于20千克精饲料的价值。在较好的栽培条件下，每亩青贮玉米可供8～10只羊食用。

玉米为禾本科一年生植物，分早熟、中熟、晚熟三种类型，同一类型在南方生长较矮，北方生长高大。玉米为须根作物，根系发达，入土可达2米，基部3～4节着生不定根，早熟种茎节为5～7节，中熟种为10～12节，晚熟种为13节以上，节数越多，生长期越长。叶片数与节数相同，玉米的叶片宽大、营养丰富，是制作青绿、青贮饲料的主要原料。一株玉米有1～5个果穗，做青贮用的玉米，果穗越多越好。籽粒大小、颜色因品种而异，有黄、白、紫、红、花斑等颜色，其中黄、白色居多。玉米不耐寒，幼苗遇到−3℃会受冻而死，气温在10～12℃时出苗最好。生长最适温度为20～24℃。对水分的要求较高，在年降水量500～800毫米的地区最适宜生长，玉米需水最多的时期是拔节到抽穗、开花期。

②种植技术：玉米为短日照植物，强光短日照有利于开花结实，若日照延长，营养生长期加长，表现贪青晚熟。光合效率高，由于植株高大，对氮、磷、钾主要营养元素需要量较大，特别在抽穗、开花期，对氮、磷吸收量最大。对土壤要求不严，各种土壤都可以生长，但以土质疏松、保水、保肥能力强的土壤为宜，最好是中性土壤（pH 6.5～7.0）。

玉米根系发达，秋季或早春要深耕土地，并施足有机肥料，要耙平、磨细、表面镇压、注意保墒。基肥应以有机肥料为主，厩肥、人粪尿、堆肥均可，每亩施肥2 000～2 500千克，并加入50～100千克过磷酸钙、10～20千克硫酸钾或氧化钾。

当地面温度稳定在10～12℃时方可播种。长江流域在3月底，黄河流域在4月中、下旬，东北地区在5月上、中旬进行播种。北方及山区广泛采用地膜覆盖技术，应提前10～15天播种。最好采用精量播种，依玉米每亩留苗数计算，增加20%的播种量，每亩播种量为1～1.5千克。播种前，种子进行包衣处理，可减少苗期病虫害发生。

玉米留苗数依品种和栽培目的而异，青饲用品种为8 000～10 000株。在底墒水充足的情况下，追肥、灌水要晚些，在拔节和抽穗时进行，开花后再浇水一次。

此外，要注意病虫害的发生，除种子消毒外，还要随时检查，发现有大、小病斑的病株，要及时拔除，并在田外烧毁。

③利用技术：做青贮用的玉米，于蜡熟期与秸秆一同收割、粉碎、青贮，当日收割，当日青贮，以保证青贮质量。

80.什么是青贮饲料？青贮饲料有哪些特点？

青贮饲料是指青绿多汁饲料在收获后，直接切碎，贮存于密封的青贮容器（窖、池）内，在厌氧环境中，通过乳酸菌的发酵作用调制成能长期贮存的饲料（图4-19），其特点主要有以下几方面。

图4-19 青贮饲料

(1) 营养物质损失少，营养性增加。由于青贮不受日晒、雨淋的影响，养分损失一般为10%～15%，而干草的晒制过程中营养物质损失达30%～50%。同时，青贮饲料中存在大量的乳酸菌，菌体蛋白含量比青贮前提高20%～30%，每千克青贮饲料大约含可消化蛋白质90克。

(2) 省时、省力，制作一次青贮，可供全年饲喂；制作方便，成本低廉。

(3) 适口性好，易消化。青贮饲料质地柔软、香酸适口、含水量大，羊爱吃、易消化。同样的饲料，青贮饲料的营养物质消化利用率较高，平均达70%左右，而干草的消化率不足64%。

(4) 既能满足羊对粗纤维的需要，又能满足对能量的需要。

(5) 使用添加剂制作青贮，可明显提高饲用价值。玉米青（黄）贮粗蛋白不足2%，不能满足瘤胃微生物合成菌体蛋白所需要的氮量，通过青贮，按0.5%（每吨青贮原料加尿素5千克）添加尿素，可满足生长羊对蛋白质的需要。

(6) 青贮可扩大饲料来源，如甘薯蔓、马铃薯叶茎等。

(7) 青贮能杀虫卵、病菌，减少病害，在无空气、酸度大的青贮饲料中，其茎叶中的虫卵、病菌无法存活。

81. 哪些植物适合制作青贮饲料？

适合制作青贮饲料的原料范围十分广泛。玉米、高粱、黑麦、燕麦等禾谷类饲料作物，野生及栽培牧草，甘薯、甜菜、芜菁等的茎叶及甘蓝、牛皮菜、苦荬菜、猪苋菜、聚合草等叶菜类饲料作物，树叶和小灌木的嫩枝等均可用于调制青贮饲料。

青贮原料因植物种类不同，含糖量的差异很大。根据含糖量的多少，青贮原料可分为以下三类。

(1) **易青贮的原料** 玉米、高粱、禾本科牧草、芜菁、甘蓝等，这些饲料中含有适量或较多的可溶性碳水化合物，青贮比较容易成功。

（2）不易青贮的原料　苜蓿、三叶草、草木樨、大豆、紫云英等豆科牧草和饲料作物含可溶性碳水化合物较少，须与第一类原料混贮才能成功。

（3）不能单独青贮的原料　南瓜蔓、甘薯藤等含糖量极低，单独青贮不易成功，只有和其他易于青贮的原料混贮或添加富含碳水化合物的原料或者进行加酸青贮才能成功。

82. 青贮原理是什么？

青贮是在密封缺氧环境中，附着在青贮原料上的厌氧乳酸菌大量繁殖，从而将饲料中的可溶性糖和淀粉变成乳酸，当乳酸积累到一定程度后，抑制腐败菌的生长，使青贮饲料不会发霉变质，这样就可以把青贮料中养分长时间保存下来。

青贮成败的关键在于能够创造一定条件，保证乳酸菌的迅速繁殖。乳酸菌的大量繁殖，必须具备四个条件：①青贮原料中有一定的含糖量，玉米秸和禾本科牧草为易青贮原料；②青贮原料的含水率适度，以60%～70%为宜；③迅速建立无氧环境，原料装填要迅速，压实封严，排除空气；④温度适宜，一般以19～37℃为宜。

83. 如何制作青贮饲料？

青贮方法可分为一般青贮和特殊青贮，特殊青贮又可分为半干青贮、混合青贮、添加剂青贮等。一般青贮的制作方法如下。

（1）适时收割青贮原料　所谓适时收割是指在可

视频5

消化养分产量最高时期收割（图4-20）。优质的青贮原料是调制优良青贮料的基础，一般玉米在乳熟期至蜡熟期、禾本科牧草在抽穗期、豆科牧草在开花初期收割为宜。收割适时，原料作物不仅产量高、品质好，而且水分含量适宜，青贮易成功。

图4-20　适时收割

（2）清理青贮设备　青贮饲料用完后，应及时清理青贮设备（青贮窖、池等），将污腐物清除干净，以备再次青贮使用。

（3）调节水分　青贮原料中含水量是影响青贮成败和产品品质的重要因素。一般禾本科饲料作物和牧草的含水量以65%～75%为宜，豆科牧草含水量以60%～70%为宜。质地粗硬的原料含水量可高些，以78%～82%为宜；幼嫩多汁的原料含水量应低些，以60%为最好。原料含水量较高时，可采用晾晒的方式或掺入粉碎的干草、干枯秆及谷物等含水量少的原料加以调节；含水量过低时，可掺入新割的含水量较高的原料混合青贮或通过喷水加以调节（图4-21）。青贮现场测定水分的方法为：抓一把刚切割的青贮原料用力挤压，若从手指缝向下流水，说明水分含量过高；若从手指缝不见出水，说明原料含水量过低；若从手指缝刚出水，又不流下，说明原料水分含量适宜。准确的水分含量测定方法是利用实验室的通风干燥箱烘干测定或用快速水分测定仪测定。

图4-21　调节水分

（4）切碎　青贮原料在入窖前均需切碎。切碎目的有两个：一是便于青贮时压实（图4-22），以排除原料缝隙之间的空气；二是使原料中含糖的汁液渗出，湿润原料表面，有利于乳酸菌的迅速繁殖和发酵，提高青贮的品质。切碎原料常使用青贮联合收割机、青贮料切碎机，也可使用滚筒式铡草机。原料一般切成2～5厘米的长度。含水量多、质地柔软的原料可以切得长些，含水量少、质地较粗的原料可以切得短些。

（5）装填和镇压　青贮原料的装填一要快速，二要压实。一旦开始装填，应尽快装满窖（池），不能拖拉，以避免原料在装满和密封之前腐败变质。青贮窖以一次装满为好，即使是大型青贮建筑物，也应在2～3天内装满。装填过程中，每装30厘米（层

图4-22　压　实

高）就需要镇压一次。镇压时，特别要注意靠近墙和拐角的地方不能留有空隙。

（6）密封　原料装填完毕，立即密封和覆盖，隔绝空气并防止雨水渗入（图4-23）。

图4-23　密　封

84. 怎样保证青贮质量？

青贮质量的好坏关系到羊群健康和养羊经济效益。保证青贮质量的关键是青贮窖不漏气。制作青贮时，先要选好建窖的地址，要求地势高燥、土质坚实、地下水位深、四周不积水、排水方便、周围无污染物，切忌在低洼处或树阴下建窖。制作时要将青贮原料铡成2～4厘米的短节，边铡边填入窖中，边压实。特别需注意以下几方面。

（1）填窖速度要快，尽量在2天内完成。

（2）原料水分合适，含水量60%～70%。

（3）原料一定要压实、填平，尽量使空气排出。

（4）所填原料应高出窖面0.6～1米，此时可在上面盖上塑料薄膜（或15厘米厚的干草），随即覆土密封踩实，覆土厚度为0.5～1米，窖顶做成隆起的凸圆顶，窖四周挖排水沟。

（5）对青贮窖要经常检查，发现下沉、裂缝应及时加土填实。

青贮1.5个月，就可开始取用。圆形青贮窖取用时，清除全部覆盖物及上层发酵的青贮饲料等，由上而下分层取用，保持平面平整，每天取后及时覆盖草帘或席片，防止二次发酵；青贮壕取用时，由一端除去覆盖物逐段开壕，每段从上到下，分层取草。切勿全面打开，防止暴晒、雨淋、结冰，严禁掏洞取草。

85.怎样制作优质干草？如何减少干草养分在保存过程中的损失？

调制优质干草需尽量减少青草中营养成分尤其是粗蛋白、胡萝卜素等的损失。调制优质干草必须做到以下几点。

（1）适期刈割　牧草和青刈作物的产量和品质随生长发育的进行而变化。幼嫩时期叶量丰富，粗蛋白、胡萝卜素等含量多，营养价值高，但产草量低；随着生长和产量的增加，茎秆部分的比例增大，粗纤维含量逐渐增加，木质化程度提高，可消化营养物质的含量明显减少，饲草品质下降。一般禾本科牧草以抽穗至初花期、豆科牧草以现蕾至初花期刈割为宜。

（2）快速干燥　刈割后的新鲜牧草或饲料作物在细胞死亡以

前仍不断地进行呼吸作用，消耗体内的养分。因此，缩短干草的调制时间，可以减少呼吸作用的消耗。

(3) 防雨防露　干草晒制过程中雨露淋溶是干草养分损失的重要原因之一。晒制开始前应注意天气的变化动态，积极做好防雨准备。晒制过程中，傍晚要将摊晒的饲草搂成小垄，减少露水引起的返潮。

(4) 减少叶片脱落　牧草或饲料作物刈割后将茎秆压扁，有利于茎叶同步干燥，减少叶片脱落。翻草避开烈日的中午也可减少叶片脱落。当干草含水量降到15%～18%时即可抓紧进行堆藏，水分过低容易造成叶片脱落。

干草贮存可室内堆放也可室外堆垛。干草的含水量过高，堆中发热、霉变是贮存过程中养分损失的重要原因。一般干草开始贮存时的水分含量应控制在18%以下，贮存期间须防止返潮和雨水淋湿。室内堆放应定期通风散湿，室外堆垛应选择地势平坦干燥、排水良好、背风的地方，并防雨水渗入垛内。

86. 秸秆的调制技术要点是什么？

(1) 物理方法处理

①切短和粉碎：可先将秸秆切成2～3厘米长，或用粉碎机粉碎，但不能粉碎过细，以免引起羊反刍停滞，降低消化率。也可用揉丝机将秸秆揉成短的片段。

②浸泡：将切短、粉碎或揉丝后的秸秆用水浸泡，主要目的是使秸秆软化，可提高适口性和采食量。需要注意的是每次浸泡的量不能太多，把握用多少浸泡多少的原则，尽量一次喂完。

③秸秆碾青：将青绿多汁饲料或牧草切碎后和切碎的作物秸秆放在一起用石磙碾压，然后晾干备用。这种方法在农区较为多见，特别是将苜蓿和麦秸一起碾青较为普遍（图4-24）。

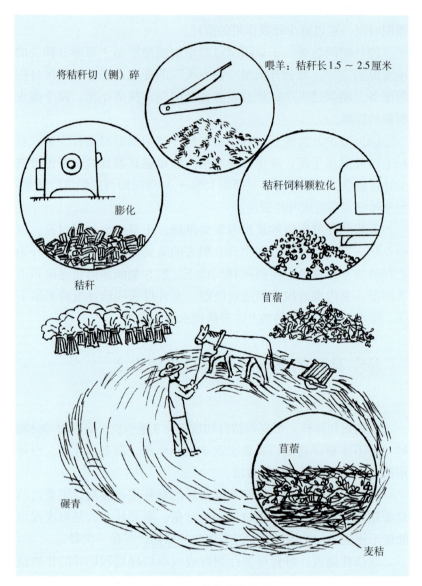

图4-24　秸秆碾青示意

④秸秆颗粒饲料：一种方法是将秸秆、秕壳和干草等粉碎后，根据羊的营养需要，配合适当的精料、糖蜜（糊精和甜菜渣）、维生素和矿物质添加剂混合均匀，压制成大小和形状不同的颗粒饲料。秸秆和秕壳在颗粒饲料中的适宜含量为30%～50%。这种饲料营养价值全面、体积小，易于保存和运输。另一种方法是秸秆添加尿素，即将秸秆粉碎后加入尿素（占全部日粮总氮量的30%）、糖蜜（1份尿素，5～10份糖蜜）、精饲料、维生素和矿物质，压制成颗粒、饼状或块状。这种饲料粗蛋白含量提高，适口性好，既可延缓氨在瘤胃中的释放速度，防止羊中毒，又可降低饲料成本和节约蛋白饲料。

（2）秸秆氨化

1）秸秆氨化的原理　用尿素、氨水、无水氨及其他含氮化合物溶液，按一定的比例喷洒或灌注于秸秆上，在常温、密闭的条件下，经过一段时间闷制后，使秸秆发生一定的化学变化。这种化学变化可提高秸秆的含氮量，改善秸秆的适口性，也提高了肉羊对秸秆的采食利用率。

2）氨化方法　氨化的方法有尿素氨化法、氨水氨化法、液氨（无水氨）氨化法及碳铵氨化法。目前尿素氨化法应用最为普遍，具体步骤如下（图4-25）：

①采用地面堆垛法，首先选择平坦的场地，在准备堆垛处铺塑料薄膜。采用氨化池氨化需要提前砌好池子，并用水泥抹平。

②将风干的秸秆用铡草机铡碎或用粉碎机粉碎，并称重。

③根据秸秆的重量，称取秸秆重量4%～5%的尿素，用温水溶化，配制成尿素溶液，用水量为风干秸秆重量的60%～70%。即每100千克风干秸秆，用4～5千克尿素，加60～70升水。

④按照上述比例将尿素溶液加入秸秆中，并充分搅拌均匀，然后装入池或堆垛，踩压结实。最后用塑料薄膜密封，四周用土封严，确保不漏气。

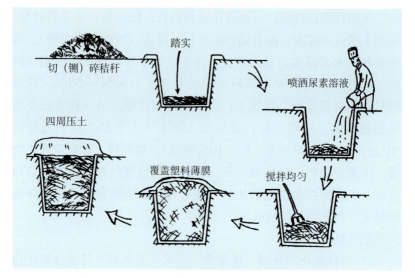

图4-25 氨化池氨化步骤示意

⑤开封时间：外界气温在30℃以上时需经10天；气温在20～30℃时需经20天；气温在10～20℃时需经30天；气温在0～10℃时需经60天，才能开封饲喂。开封之后要适当通风散发氨气，再用于饲喂。

如果用碳铵进行氨化，一般每100千克风干秸秆用碳铵15～16千克。用氨水时每100千克秸秆需用氨水15千克，需做3～4倍稀释。

3）氨化注意事项

①利用尿素或碳铵氨化时，要尽快操作，最好当天完成并覆盖，以防氨气挥发，影响氨化质量。

②麦秸收获后，应晒干堆好，顶部抹泥以防雨淋。玉米秸秆应快速收获，在秸秆含水量较高的情况下进行氨化，效果最为理想。

③要经常检查，若发现孔洞破裂现象，应立即用胶膜封好。

④在达到氨化时间后，如暂时不喂不要打开氨化垛（池），若需饲喂可提前开封，取出的秸秆在阴凉处放置一定时间后再喂。

4）氨化秸秆品质的鉴定

①上等：呈棕色，褐色，草束易拉断，具有焦煳味。

②中等：呈金黄色，草束可拉断，无焦煳味。

③下等：颜色比原秸秆稍黄，草束不易拉断，无焦煳味。

④等外：有明显发霉特征。

（3）**秸秆碱化** 最常用而简便的方法是氢氧化钠和生石灰混合处理（图4-26）。这种方法的好处是有利于瘤胃中微生物对饲料的消化，可提高粗饲料中有机物的消化率。其处理方法是：将切碎的秸秆饲料分层喷洒1.5%～2%的氢氧化钠和1.5%～2%的生石灰混合液，每100千克秸秆喷洒160～240千克混合液，然后封闭压实。堆放1周后，堆内温度达50～55℃，即可饲喂。

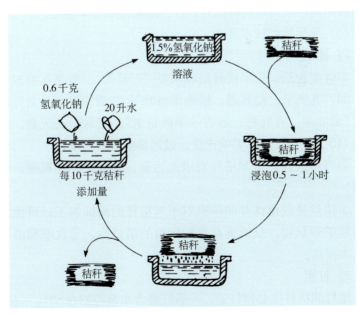

图4-26 浸泡碱化法示意

87.玉米秸秆裹包青贮技术要点是什么？

（1）**裹包青贮的优点** 裹包青贮与常规青贮一样，有干物质损失较小、可长期保存、质地柔软、具有酸甜清香味、适口性好、消化率高、营养成分损失少等特点。并且具有制作不受时间、地点的限制，不受存放地点和天气的限制等优点。与其他青贮方式相比，裹包青贮过程的封闭性较好，不存在二次发酵的现象。此外，裹包青贮的运输和使用都比较方便，有利于商品化。

（2）**裹包青贮的缺点** 裹包青贮虽然有很多优点，但同时也存在一些不足。一是包装很容易被损坏，一旦拉伸膜被损坏，极易导致青贮料变质、发霉。二是由于各类草捆水分含量不同，发酵品质不同，从而给饲料营养设计、精确饲喂带来困难。

（3）**裹包青贮技术要点**

1）揉丝

①适期收割：玉米秸秆的收割要"三看"，一看果实的成熟程度，即"乳熟早，枯熟迟，蜡熟正当时"；二看青叶和秋黄叶的比例，"黄叶差，青叶好，各占一半就是老"；三看生长天数，中熟品种110天左右，过早影响产量，过迟影响青贮质量。

②原料选择：玉米秸秆要求无污染、无泥土、无霉变，优质新鲜。

③揉丝是应用揉丝铡草机对玉米秸秆的精细加工，可使之成为柔软的丝状物，从而提高青贮饲料的适口性，采食率和消化率也大大提高。

2）打捆

①打捆机打捆必须打紧，一般应将含水量控制在50%～60%，小草捆直径50～70厘米、重量在45～55千克为合适密度。

②打好的草捆应及时裹包，避免草捆内发热，造成营养物质损失，影响青贮质量。裹包时必须层层重叠50%以上，若不能重叠50%时需调整机器（图4-27）。

图4-27　裹包青贮打捆

3）裹膜

①拉伸膜一定要在拉伸后缠绕，以挤出草捆中多余的空气。若发现裹包好的膜不能紧绷在草捆上，说明膜拉伸得不够，需调整包膜架上的链轮。

②为了保证密度和密封性，可以裹包两层，且要保证无破包漏气，发现有破包及时粘贴封好即可（图4-28）。

③在存放和搬运时要保证拉伸膜的边缘不受损，以免上机使用时断裂。

④每天工作结束时一定要将拉伸膜卸离机器，避免膜芯受潮。

（4）品质鉴定　青贮饲料打捆裹膜90天后即可开封饲喂，可用感官方法识别青贮饲料的优劣，即通过看一看、闻一闻、摸一摸来判别青贮饲料的质量。优质青贮饲料具有酸香味，呈绿色或黄绿色，质地紧密，层次分明。中等的青贮饲料呈黄褐色，还可

图4-28　裹包青贮成品

用于饲喂。若发现青贮饲料呈黑色且有霉变臭味、结块现象，则不能再进行饲喂。

88. 塑料袋青贮秸秆技术要点是什么？

用塑料袋进行秸秆青贮（图4-29），方法简单，可在农户家中庭院内或畜舍内进行，适合养羊较少的小规模养殖户使用。

图4-29　袋装青贮

（1）塑料袋的准备　袋装秸秆青贮操作技术基本同窖贮，但容器是特制的塑料袋，选用宽80～100厘米、厚0.8～1.0毫米的塑料薄膜，以压热法制成直径为50～60厘米、长约200厘米的袋子。袋子一端要封口，每个袋子可装饲料200～250千克，但装填原料一般不超过150千克，以便于运输和饲喂。

（2）青贮秸秆的选择与加工　秸秆质量的好坏对青贮质量有很大影响。青贮原料应选用青绿、多汁、新鲜、优质的秸秆，不能用已霉变的秸秆。待贮料需用粉碎机进行粉碎。秸秆粉碎的长短对青贮质量有一定影响，过长秸秆中的可溶性碳水化合物不容易释放，产酸菌不能利用这些可溶性碳水化合物而发酵产生乳酸，从而降低青贮饲料的质量。过短的青贮秸秆会使羊反刍功能降低。一般来说，喂羊铡成2～3厘米长的小段为宜。

（3）秸秆青贮饲料水分的调控　通常收获的作物秸秆含水量小于55%，必须对秸秆补水，使之含水量达到55%。秸秆含水量的检查方法：以手抓取秸秆试样，双手握紧，若有水不断从手缝中往下滴，说明含水量较多，约80%；若没有水滴从手缝中滴出，但松开后手掌上有很明显的水珠，说明含水量合适，约55%。若青贮饲料水分过多，有益微生物不易作用于秸秆而随水流走，会降低有益菌对秸秆的有效作用，影响产酸菌的生长，反而增强厌氧腐败菌的生长，导致秸秆腐烂。而水分过少既不容易形成厌氧环境，也不能提供有益菌生长所必需的水分条件，还不能使有益菌均匀地分布，同样也影响产酸菌的生长，达不到所需的适宜酸度和抑制有害菌的目的，最终也容易导致秸秆霉变。

（4）装袋和密封　装料时要注意压实，装满后将塑料袋口用绳子扎紧，尽量排除里面的空气。袋装好后秋天可放在院内，冬天应该堆码到室内，再用塑料薄膜将袋覆盖密闭，经过48～72小时发酵即可开口取料饲喂。压实是为了减少秸秆青贮内的空气，尽快达到厌氧环境，以利于产酸菌发酵，避免有害霉菌生长，因此青贮秸秆时需要压实。密封一方面是防止外界空气进入影响产酸菌的厌氧发酵过程；另一方面是防止外界杂菌进入引起秸秆的二次发酵。用塑料袋青贮一要注意防鼠害；二要注意密封，发现塑料袋裂缝要及时修补。

(5) 青贮饲料环境的调控　在青贮秸秆时，应注意适当的环境温度，气温应控制在15～37℃。环境温度过高、过低都不利于有益微生物的生长，影响产酸菌发酵，以致秸秆青贮失败。另外，在青贮过程中要注意控制和检查青贮饲料中水分。青贮饲料中水分是否合适是决定青贮是否成功的重要条件之一。因此，在物料上喷洒菌液、洒水、层层压实的操作过程中，要随时检查秸秆含水量是否合适，各处是否均匀一致。在实际操作过程中，控制和检查秸秆水分时还要注意以下几点：①要注意层与层之间水分的衔接，不能使各层间含水量相差过大，更不能出现夹生层。所谓夹生层就是含水量少或干枯的秸秆层。②袋贮时，贮料经压实和重心作用，秸秆中水分可向下渗透，所以在装料时袋下部秸秆含水量可稍微小些；相反，上层秸秆含水量应适当大些。

(6) 取料注意事项　用塑料袋进行青贮，取料后应及时把袋口重新扎紧，将取出的饲料放在饲槽内与精饲料搅拌均匀。夏季天气炎热时青贮饲料表面要洒点清水，与精饲料拌好一起饲喂。

89. 秸秆微贮技术的要点是什么？

秸秆微贮饲料就是在秸秆中加入微生物高效活性菌种——秸秆发酵活干菌，放入密封的青贮窖中贮存，经一定时间的发酵，使秸秆变成具有酸香味、羊喜食的饲料。微贮为秸秆的有效利用开辟了新途径。

秸秆在适宜的厌氧环境下，通过微贮复合菌的作用，将大量的纤维素类物质转化为糖类，糖类又经有机酸发酵菌转化为乳酸和挥发性脂肪酸，使pH降到4.5～5.0，抑制了丁酸菌、腐败菌等有害菌的繁殖。

（1）秸秆微贮过程

①菌种的复活：秸秆微贮复合菌每袋5～10克，可处理麦秸、稻秸、玉米干秸秆1吨或青饲料2吨。先将微贮复合菌加入500毫升浓度为1%的糖水中，然后在25℃左右的常温下放置1～2小时使菌种复活（夏季不超过4小时，冬季不超过12小时），复活的菌剂需当天用完。

②菌液配制：将复活的菌剂倒入1.0～1.5吨洁净的0.8%～1%食盐水中拌匀。

③秸秆切短：将秸秆铡切成3～5厘米的短节，这样易于压实和提高微贮窖的利用率，保证微贮饲料质量。

④秸秆入窖：在窖底铺放30～40厘米厚的秸秆，均匀喷洒菌液水，压实后再铺放30～40厘米，如此反复直至装满后封口。如果窖内当天没装满，可盖上塑料薄膜，第二天揭开塑料薄膜继续装窖。

⑤封窖：在秸秆高出窖口30～40厘米，经充分压实后，在最上面均匀撒上一层食盐，再压实后盖上塑料薄膜。食盐用量为每平方米250克，其目的是确保微贮饲料上部不发生霉烂变质。盖膜后上铺20～30厘米的稻麦秸，覆土15～20厘米，密封。

⑥加入少量能量饲料：如大麦粉或玉米粉、麸皮、米糠，其目的是在发酵初期为微生物提供一定的营养物质，以提高微贮饲料的质量。每吨秸秆加1～3千克大麦粉或玉米粉、麸皮、米糠，铺一层秸秆撒一层能量饲料。

⑦贮料水分控制与检查：微贮原料含水量是否合适是决定微贮饲料好坏的重要条件之一。在喷洒和压实过程中要随时检查秸秆中含水量是否合适，各处是否均匀一致。含水量的检查方法：抓取秸秆试样，用双手扭拧，若有水往下滴，其含水量约为80%

以上；若无水滴，松开手后看到手上水分很明显，其含水量约为60%；若手上有水分（反光），其含水量为50%～55%；感到手上潮湿则含水40%～45%；不潮湿则含水在40%以下。微贮饲料含水量以60%～70%最为理想。

（2）秸秆微贮注意事项

①霉变的农作物秸秆不宜作微贮饲料。

②秸秆微贮饲料一般需要在窖内贮存21～30天才能取喂。

③微贮饲料由于在制作时加入了食盐，这部分食盐应从饲喂牲畜的日粮中扣除。

④取料时要从一角开始，从上到下逐段取用。每次取用量应以当天喂完为宜。取料后要将口封严，以免水浸入引起饲料变质。

⑤每次投喂时要求槽内清洁。冬天饲喂时冻结的微贮饲料应解冻后再用。

90. 如何配制肉羊日粮？

肉羊一昼夜（24小时）所采食饲料叫做日粮，在实际生产中，单一的饲料往往不能满足肉羊的营养需要，所以要按照饲养标准选择当地生产较多、价格便宜的饲料配制成混合饲料，使其所含的养分既能满足肉羊不同生理阶段的营养需要而又不过多造成浪费，这种按肉羊饲养标准配制配合饲料的过程称为饲粮配合。

（1）日粮配合原则

①饲料原料种类要力求多样化，一般要有4～5种饲料，这样才能达到营养物质的相互补充，使所配制的日粮营养全面。

②所选择的饲料原料尽可能就地取材，以当地饲料为主，充分利用当地农副产品资源，千方百计降低饲料成本。

③肉羊饲料中一定要有粗饲料，应注意精、粗饲料之间的比例。

④一般情况下不得更换饲料配方，如果要更换，一定要逐渐进行，以使肉羊有一个适应的过程。

（2）日粮配合步骤

【例1】要为体重平均为25千克的育肥羊群设计饲料配方，饲料的原料有玉米秸、野干草、玉米、小麦麸、胡麻饼、菜籽饼。

第一步：参考有关饲养标准，查出羊每天的养分需要量。

该羊群平均每天每只需干物质1.2千克，消化能10.5～14.6兆焦，可消化粗蛋白80～100克，钙1.5～2克，磷0.6～1克，食盐3～5克。

第二步：查饲料营养成分表，列出供选饲料的养分含量（表4-1）。

表4-1 供选饲料营养成分含量

饲料名称	干物质（%）	消化能（兆焦/千克）	可消化粗蛋白（克/千克）	钙（%）	磷（%）
玉米秸	90.0	8.61	21	—	—
野干草	90.6	8.32	53	0.54	0.09
玉米	88.4	15.38	65	0.04	0.21
小麦麸	88.6	11.08	108	0.18	0.78
胡麻饼	90.2	14.46	285	0.58	0.77
菜籽饼	92.2	14.84	313	0.37	0.95

第三步：按羊体重计算粗饲料的采食量。

一般羊粗饲料的干物质采食量为体重的2%～3%，这里选择2.5%，则25千克体重的羊需粗饲料干物质为25×2.5%＝0.625千克。根据实际考虑，确定玉米秸和野干草的比例为2∶1，则需玉米秸秆0.42（共需干物质0.625千克，玉米占两份，即为0.42千克）÷0.9（0.9为玉米秸中干物质所占的比例90%）＝0.47千克，野干草

0.21（共需干物质0.625千克，野干草占一份，即为0.21千克）÷
0.906（0.906为野干草中干物质所占的比例90.6%）＝0.23千克，
由此计算出粗饲料提供的养分量（表4-2）。

表4-2　粗饲料提供的养分量

粗饲料	干物质（千克）	消化能（兆焦）	可消化粗蛋白（克）	钙（克）	磷（克）
玉米秸	0.42	4.05	9.87	—	—
野干草	0.21	1.91	12.19	0.12	0.02
粗饲料提供	0.63	5.96	22.06	0.12	0.02
精饲料补充	0.57	8.64	77.94	1.88	0.98

　　第四步：草拟精饲料补充料配方。根据饲料资源、价格及实际经验，先初步拟定一个混合饲料配方，假设混合精饲料配比为玉米60%、麸皮23%、胡麻饼10%、菜籽饼6%、食盐0.8%，将所需补充精饲料干物质0.57千克按上述比例分配到各种精饲料中，再计算出精饲料补充料提供的养分量（表4-3）。

表4-3　精饲料补充料提供的养分量

原料	干物质（千克）	消化能（兆焦）	可消化粗蛋白（克）	钙（克）	磷（克）
玉米	0.342	5.950	25.31	0.15	0.81
小麦麸	0.131	1.580	15.98	0.27	1.15
胡麻饼	0.057	0.824	16.25	0.33	0.44
菜籽饼	0.034	0.505	10.64	0.13	0.32
食盐	0.005	—	—	—	—
合计	0.569	8.859	68.18	0.88	2.72

由表4-3可见，干物质已基本满足羊的需要，消化能超标，可消化粗蛋白尚有欠缺，钙、磷比例失衡，因此日粮中应增加可消化粗蛋白的含量，增加钙的含量，适当降低消化能水平。可以用石粉来代替部分的胡麻饼，以增加钙的含量；用尿素（1克尿素可提供2.8克的粗蛋白）弥补可消化粗蛋白的不足，调整后的配方见表4-4。

表4-4 调整后的配方

原料	干物质（千克）	消化能（兆焦）	可消化粗蛋白（克）	钙（克）	磷（克）
玉米秸	0.42	4.05	9.87	—	—
野干草	0.21	1.91	12.19	0.12	0.02
玉米	0.342	5.95	25.31	0.15	0.81
小麦麸	0.131	1.58	15.98	0.27	1.15
胡麻饼	0.047	0.68	13.40	0.27	0.36
菜籽饼	0.034	0.505	10.64	0.13	0.32
食盐	0.005	—			
尿素	0.005		14.00		
石粉	0.010	—		4.00	—
合计	0.574	14.675	101.39	4.94	2.66

从表4-4可以看出，该日粮已经完全满足该羊干物质、能量及可消化粗蛋白的需要量，而钙、磷均超标，但日粮中的钙、磷比例为1.86∶1，属正常范围〔一般钙、磷比例为（1.5～2）∶1〕，所以认为该日粮中的钙、磷含量也符合要求。

在实际饲喂时，应将各种饲料的干物质喂量换算成饲喂状态时的喂量，即干物质量÷该饲料的干物质含量。具体如下：

玉米秸为：0.42千克÷0.9 = 0.47千克；

野干草为：0.21千克÷0.906 = 0.23千克；

玉米为：0.342千克÷0.884 = 0.39千克；

小麦麸为：0.131千克÷0.886 = 0.15千克；

胡麻饼为：0.047千克÷0.902 = 0.05千克；

菜籽饼为：0.034千克÷0.992 = 0.03千克；

食盐为：0.005千克÷1.00 = 0.005千克；

尿素为：0.005千克÷1.00 = 0.005千克；

石粉为：0.010千克÷1.00 = 0.010千克。

【例2】假设目前有一批活重20千克、饲养状况良好的3月龄断奶羔羊进行强度育肥，计划日增重200克，当地有小麦秸秆、中等质量苜蓿草、玉米、豆粕和菜粕5种饲料，请配制育肥所需日粮。

第一步：确定羊的生产目标和营养需要

查饲养标准确定动物营养需要参数，同时根据现有原料获得饲料的营养价值（表4-5）。

表4-5 羊营养需要及饲料营养价值和组成

项目	干物质	代谢能	可代谢蛋白	钙	磷
羊需要	0.9千克	10.00兆焦/天	72克/天	3.4克/天	2.7克/天
小麦秸秆	91%	6.28兆焦	2.1%	0.16%	0.05%
苜蓿干草	88%	11.25兆焦	9.1%	1.18%	0.19%
玉米	90%	13.40兆焦	6.3%	0.02%	0.30%
豆粕	91%	12.55兆焦	34.3%	0.38%	0.71%
菜粕	90%	10.88兆焦	28%	0.75%	0.16%

第二步：计算粗饲料供给量及营养素供给量

断奶羔羊瘤胃发育完全，但采食量水平较低，为保证羔羊较高的干物质采食量，日粮中粗饲料比例不宜过高，可占其干物质采食量的35%左右，设定小麦秸秆和苜蓿干草的比例为60%和40%，粗饲料的组成见表4-6，粗饲料干物质日供给量为900克×35% = 315克，其中小麦秸秆为60%，即189克/天；苜蓿干草为40%，即126克。

表4-6　粗饲料提供的营养成分

精饲料	风干数量（克/天）	干物质（克/天）	代谢能（兆焦/天）	可代谢蛋白（克/天）	钙（克/天）	磷（克/天）
小麦秸秆	207.7	189	1.19	3.97	0.30	0.09
苜蓿干草	143.2	126	1.42	11.47	1.49	0.24
合计	350.9	315	2.61	15.44	1.79	0.33

第三步：确定精饲料的组成

根据粗饲料的比例，日粮精饲料比例为干物质采食量的65%，其中需要留出1%预混料。因此，根据所缺乏的能量和蛋白质，确定日粮玉米、豆粕和棉粕的比例，平衡日粮能量和蛋白质，58%的饲料由玉米、豆粕和菜粕构成（表4-7）。

表4-7　精饲料提供的营养成分

精饲料	风干数量（克/天）	干物质（克/天）	代谢能（兆焦/天）	可代谢蛋白（克/天）	钙（克/天）	磷（克/天）
玉米	522.2	470	6.30	29.61	0.09	1.41
豆粕	38.5	35	0.44	12.01	0.13	0.25
菜粕	75.6	68	0.74	19.04	0.51	0.11
合计	636.3	573	7.48	60.66	0.73	1.77

第四步：平衡日粮中钙、磷及预混料供给量

羔羊需要摄入钙3.4克/天、磷2.7克/天。计算需要添加4.5克磷酸氢钙，另外日粮中需要添加1%的预混料，补充微量元素及维生素。

第五步：整理配方微调日粮组成

根据饲养标准与设计日粮组成的差值，对配方进行微调，包括补充微量元素，调节能量蛋白质水平，同时可根据地方饲料资源情况，添加其他饲料添加剂，微调结果见表4-8。

表4-8　微调后的日粮组成

饲料原料	供给量（克/天）	营养组成（克/天）	羊需要量（克/天）	供给与需要量差值（克/天）
小麦秸秆	207.7	干物质为901.50	900	1.50
苜蓿干草	143.2	可代谢蛋白为76.09	72.0	4.09
玉米	522.2	代谢能为10.08	10.0	0.08
豆粕	38.5	钙为3.43	3.4	0.03
菜粕	75.8	磷为2.84	2.7	0.14
石粉	4.5			
预混料	9			
合计	1 000.6			

91. 国家肉羊营养调控与饲料精准调配关键技术研究的核心技术与实施内容是什么？

（1）肉羊冷季补饲与羔羊生长发育调控技术的研究与应用。针对舍饲和半舍饲肉羊，研发羔羊断奶、育肥、异地育肥及繁殖公母羊的饲料配方及生产技术，形成舍饲、半舍饲肉羊饲养技术体系。

（2）放牧肉羊营养工程技术框架的构建。围绕放牧羊繁殖期开发系列营养调控技术及补饲产品，研发放牧羔羊断奶和直线育肥技术，放牧羊蛋白、微量元素等补饲技术，形成牧区肉羊补饲技术体系。

（3）放牧羊瘤胃发酵与微生物区系的发生与消长规律研究。利用PCR-16S rDNA（rRNA）技术、DGGE技术揭示瘤胃微生物群落丰富的多样性和生态功能。

（4）饲料加工技术的研究与应用。研究肉用羊的饲料配制技术和加工工艺，开发肉羊全混合日粮（TMR）生产技术并制定操作规范；研究提高农作物秸秆利用率的方法与技术；研发农作物秸秆的生物发酵和合理利用技术。

（5）新型饲料资源及预混料或添加剂的研发。

五、

羊的饲养管理

92. 羊消化器官的构造和消化机能有什么特点？

　　羊是复胃家畜，胃由瘤胃、网胃、重瓣胃和皱胃四部分组成。其饲料消化功能与猪等单胃动物相比存在很大的差别。瘤胃容量很大，约占复胃容量的80%。网胃的容积小，其内容物与瘤胃相互混合，消化、吸收功能与瘤胃基本相似，统称为反刍胃。反刍胃内的食糜流入重瓣胃，在此压榨过滤水分被吸收后排到皱胃，皱胃与单胃家畜的胃相似，可分泌消化酶消化蛋白质。

　　羔羊出生后只能在皱胃中消化乳汁，其他三个胃的机能尚未发育好，不能消化纤维素饲料。

　　羊的盲肠和结肠里也有微生物繁殖，有部分饲料中的物质是在这里消化的。

　　此外，羊的消化道比一般家畜都长。

　　由于羊在消化器官构造上有以上特点，所以羊比一般家畜能更好地消化利用饲料中的营养物质。

93.饲养管理对羊有什么重要性？肉羊饲养管理应重点掌握哪些原则？

视频6

饲养管理好坏对羊的健康、生长、繁殖起着关键的作用。科学合理的饲养管理可提高羊的健康水平，充分发挥羊的繁殖性能和生产能力，提高饲料转化率和降低生产成本，才能生产出高质量的产品。科学合理的饲养管理，对羊的改良育种也有良好的作用。在羊改良育种过程中，采取选种选配和杂交技术，只是从遗传角度上提供了改进产品质量和增加数量的可能性，要使这种可能变为现实，还必须采用科学合理的饲养管理方法。

羊的饲养管理应掌握如下几条原则：

（1）分群饲养　羊的年龄、性别、生理状况不同，所需要的饲养条件和营养水平也不一样，应该分群饲养（图5-1至图5-5）。这样有利于饲养管理，可根据不同羊群的不同营养需要供应饲草、饲料。

图5-1　羔羊群

肉羊高效养殖问答一本通

图5-2　带羔母羊群

图5-3　妊娠母羊群

图5-4　育成羊群

图5-5　公羊群

（2）饲喂要"三定"　即定时、定量、定质。

①定时：饲喂要固定时间，使羊形成良好的生活习惯，这样羊吃得饱、休息好，有利于羊的生长发育和繁殖。

②定量：每次的饲喂量要一定。羊的日粮要营养全面，按不同的生长阶段供给足够的饲草、饲料，不要让羊吃不饱，也不要每次饲喂过多造成浪费。

③定质：保证饲料的质量。不喂给霉变、污染、冰冻的饲草、饲料。饲料搭配要科学合理、营养全面，不同生长阶段配给不同营养的饲料。调整饲料配方时，新旧饲料的量要逐渐增减，要有7～14天的更换期，使羊的瘤胃逐步适应新的变化，否则会出现减食或暴食的现象，引起消化不良性疾病。

（3）精养细喂，少给勤添　设计科学合理的日粮配方，精饲料饲喂前拌入少量的水，使其软化，以利于羊消化吸收。如在精饲料中拌入有益菌进行一定时间的发酵再饲喂，效果更好。青粗饲料要铡短，少给勤添，避免浪费。

（4）饮水要清洁　最好在栏内设置水槽，随时让羊喝上清洁的水。夏季不要让太阳晒到水槽，冬季不要让羊饮冰冷水。

（5）保持卫生　定时打扫圈舍和运动场，定期刷拭羊体，保持环境和羊体卫生。

（6）做好防疫　制定科学的防疫程序，按时给羊注射疫苗，预防疾病发生。

（7）注意观察羊群　饲养人员要随时细心观察羊的采食、饮水、休息和排便情况，发现异常及时找出原因，采取措施。

94. 如何饲养种公羊？

俗话说"公好好一坡，母好好一窝"，种公羊在羊群中数量较少但作用很大，它是提高整个羊群繁殖性能和生产性能的关键。

（1）种公羊应常年保持健壮、活泼、精力充沛，有良好的配种能力。营养适度，维持中上等膘情，既不能过肥也不能过瘦。过肥性机能减退，受胎率降低；过瘦则体弱，同样影响公羊的种用价值。

（2）种公羊饲养可分为配种期和非配种期两个阶段。配种期公羊营养和体力消耗较大，需要的营养较多，特别对蛋白质的需求加大。一般在配种前1～1.5个月就应加强营养，逐渐增加日粮中的蛋白质、维生素和矿物质等。到配种期，根据配种次数的多少，公羊补喂2～4个鸡蛋和适量的大麦芽、小麦胚，同时，任其自由采食优质青干草，适当喂些胡萝卜等。非配种期，以牧草为主，每天适量补充精饲料。常年有营养舔砖，供羊随时舔食。每天要保证公羊有足够的运动量，且一定要与母羊分开饲养。

（3）种公羊要合理控制配种强度，每天配种1～2次为宜，旺季可每天配种3～4次，但要注意连配2天后休息1天。在配种期间，每天给公羊加喂1～2个鸡蛋，在高峰期可每月给公羊喂服1～2剂温中补肾的中药汤剂。

（4）种公羊要及时进行精液品质分析，配种前1～1.5个月开始采精，同时检查精液品质。

（5）保证种公羊适量运动，俗话说"运动决定精子的活力"，因此种公羊应每天上午运动一次，每次2小时，运动时要注意速度，既要防止羊奔跑，也要避免羊边走边吃和运动速度缓慢，保证运动质量。

95. 如何饲养成年母羊？

母羊担负着配种、妊娠、哺乳等各项繁殖任务，应保持良好的营养水平，以实现多胎、多产、多活、多壮的目的。母羊饲养管理可分阶段进行。

（1）配种前的饲养 母羊在配种前1.5个月，应加强饲养，抓膘、复壮，为配种、妊娠储备足够的营养。对体况不佳的羊，给予短期优饲，即喂给最好的饲草，并补给最优的精饲料。

（2）妊娠期的饲养 母羊妊娠期为150天，分为妊娠前期和妊娠后期。

①妊娠前期是妊娠的前3个月，此期胎儿发育较慢，所需营养较少，但要求能够继续保持良好膘情。日粮可由50%青绿草或青干草、40%青贮或微贮饲料、10%精饲料组成。

②妊娠后期是妊娠的最后2个月，此期胎儿生长迅速，增重快，初生重的85%是在此期完成的，因此所需营养较多，应加强饲养。

（3）哺乳期的饲养 哺乳期大约4个月，分哺乳前期和哺乳后期。哺乳前期即羔羊生后的2个月，此时羔羊营养主要依靠母乳。羔羊每增加1千克体重约需母乳5千克，为满足羔羊快速生长的需要，必须特别加强母羊的饲养，提高泌乳量。尽可能多提供优质饲草、青贮或微贮饲料、多汁饲料，精饲料要比妊娠后期略有增加，饮水要充足。

母羊泌乳在产后40天达到高峰，60天开始下降，这个泌乳规律与羔羊胃肠机能发育相吻合。60天后随着泌乳量的减少，羔羊瘤胃微生物区系逐渐形成，利用饲料的能力日渐增强，从以母乳为主的阶段过渡到以饲料为主的阶段，此时进入母羊的哺乳后期。

哺乳后期，羔羊已能采食饲料，对母乳依赖度减小，应以饲草、青贮或微贮饲料为主进行饲养，可以少喂精饲料。

96. 如何加强产后母羊饲养管理？

产后母羊经过阵痛和分娩，体力消耗较大，代谢机能下降，抗病力降低，若护理不好，会对母羊的健康、生产性能和羔羊的

健康生长造成严重影响，应加强护理。

首先要保持羊体和环境卫生。母羊产羔后应立即把胎衣、分娩污染的垫草和粪便及地面等清理干净，更换清洁干软的垫草，用温肥皂水擦洗母羊后躯、尾部、乳房等被污染的部分，再用高锰酸钾消毒液清洗一次，擦干。注意保暖，严防贼风，以防母羊发生感冒、风湿等疾患。在饲养上注意给羊饮温水。母羊产后休息半小时，应饮喂1份红糖、5份麸皮、10～20份水配比的红糖麸皮水，之后喂些容易消化的优质干草，注意保暖。5天后逐渐增加精饲料和多汁饲料的喂量，15天后恢复到正常饲养水平。

97. 妊娠母羊为什么要分期饲养？

妊娠母羊的分期饲养主要是由胎儿不同的发育阶段所决定的。胎儿的生长发育一般分为前期和后期。前3个月称前期，此期胎儿主要形成心肝肺等各种器官，其生长较慢，只占初生重的10%左右，所以这一阶段对各种营养物质的需求量不大。胎儿发育的后2个月为后期，此期其骨骼、肌肉、皮肤等组织生长发育很快，重量迅速增加，增重占初生重的90%左右，所以此期需要大量的营养物质，特别是形成骨骼、肌肉的物质。

胎儿生长发育所需要的营养物质是由母体获得的。胎儿生长发育的阶段性，决定了妊娠母羊饲养的阶段性。妊娠前期母羊的饲料要求品质好、种类多、营养全面，但供给量不大，管理上要避免母羊吃霜草或霉变饲料，防止母羊受惊和饮用冷水。妊娠后期，胎儿生长迅速，母羊本身还需积蓄营养，此时不仅要求饲料营养全面，而且饲喂数量也要增加，一般比妊娠前期增加15%～20%，对所供饲草、饲料，要保证无发霉变质、无冰冻、无杂质等。出牧、归牧、饮水、补饲都要慢而稳，防止母羊拥挤、滑倒，要保持羊舍温暖、干燥、通风良好。

98. 如何培育羔羊？

哺乳期是指羊从出生到断奶这一阶段，一般为2～4个月，哺乳期的羊叫羔羊。羔羊的生理机能处于急剧变化阶段，生长发育最快，可塑性较大，饲养好坏直接影响其生长发育及成年时的体型结构、生产性能。因此，在肉羊生产中一定要加强羔羊培育工作。

（1）初乳期（出生至第5天） 母羊产后5天以内的乳叫初乳，初乳含有丰富的蛋白质、脂肪、维生素、无机盐等营养物质和抗体。羔羊出生后及时吃初乳，对增强其体质和排出胎便有重要作用。因此，应让羔羊尽量早吃、多吃初乳，利于其增强体质，可以提高羔羊成活率。

（2）常乳期（第6～60天） 常乳是母羊产后第6天至干奶期以前所产的乳汁，是一种营养全面的食品，因此一定要让羔羊吃足常乳。羔羊从10日龄后开始补饲青干草，训练开食；15日龄后开始调教吃料，在饲槽里放用开水烫过的料引导小羊去啃食；40日龄后开始减奶量、增草料。

（3）奶与草料过渡期（第61～90天） 这一阶段要注意日粮的能量、蛋白质营养水平和全价性。后期母羊奶量不断减少，羔羊以采食优质干草与精饲料为主，奶仅作为蛋白质补充饲料。对于生长发育良好的羔羊应实行早期断奶。

99. 羔羊早期断奶有什么好处？

羔羊的正常断奶时间为2～3月龄，早期断奶可以使母羊尽快复壮，使母羊早发情、早配种，提高母羊的繁殖率；也可以促使羔羊肠胃机能尽快发育成熟，增加其对纤维物质的采食量，提高羔羊体重和节约饲料。羔羊从2月龄起，母乳只能满足其营养需要

的5%～10%。早期断奶时间要视羔羊体况而定，一般为40～60日龄。

100. 羔羊早期断奶的技术要点是什么？

(1) 尽早补饲　羔羊出生后1周开始跟着母羊学吃嫩叶或饲料，15～20日龄就要开始设置补饲栏训练羔羊吃青干草，以促进其瘤胃发育。1月龄后让其采食开食料，开食料为易消化、柔软且有香味的湿料，并单设补充盐和骨粉的饲槽，供其自由采食。

(2) 要逐渐进行断奶　羔羊计划断奶前10天，晚上羔羊与母羊在一起，白天将母羊与羔羊分开，让羔羊在设有精饲料槽和饮水槽的补饲栏内活动。羔羊活动范围的地面等应干燥、防雨、通风良好。

(3) 防疫　羔羊育肥常见的传染病有肠毒血症和出血性败血症等，可用三联四防灭活干粉疫苗在产羔前给母羊预防注射，也可在断奶前给羔羊注射。

101. 为什么要补饲？羔羊断奶前补饲有什么好处？

羊一年四季均可放牧，但在越冬期间因牧草枯萎、营养价值低，羊放牧采食量少，所以每年夏秋季节，要着手储备越冬草料，根据羊的具体情况和天气变化，适时给羊补饲，保证羊能安全越冬。

视频7

羔羊在断奶前进行补饲主要有以下好处：

(1) 加快羔羊的生长发育速度，为日后提高育肥效果打好基础，缩短育肥期限。

(2) 有利双羔羊或多羔羊的生长。由于母羊供给的奶量有限，不足以哺喂双羔羊或多羔羊，因此提前补饲有助于双羔羊或多羔羊的生长发育。

（3）减少羔羊对母羊索奶的频率，使母羊有足够的时间采食、休息，从而使泌乳高峰保持较长时间。

（4）促进羔羊消化系统发育，锻炼采食能力，使羔羊断奶后迅速适应新的饲养管理方式。

102. 如何对羔羊进行补饲？

一般情况下对羔羊进行隔栏补饲（图5-6），即在母羊圈舍的一端设置补饲栏，以每只羔羊占0.5米²设计补饲栏，内设草架、饲槽、水槽。补饲栏进出口宽20～25厘米、高40～50厘米，只供羔羊进出，母羊无法进入。

图5-6 羔羊补饲

一般羔羊15日龄开始补饲，这时羔羊已经能够吃一些饲草，但对饲草料还无恋食现象，不用担心羔羊贪吃过食。开始补饲时，在饲槽内放些配制好的开食料，量要少，当天吃不完的剩料，到晚上要清理干净，第二天再放新料。等羔羊学会吃料后，每天补

饲2次，每次投料量以羔羊能在20～30分钟内吃完为准。除定时补饲开食料外，草架内要放置苜蓿等优质干草，供羔羊自由采食。

103. 羔羊断奶后育肥的饲养管理方法是什么？

饲养管理要点：羔羊应先喂10天左右预饲期日粮，再转入青贮饲料型育肥日粮。开始时，适当控制喂量，逐日增加，7天左右达到全喂量。严格按日粮配方配制饲料，混合必须均匀，尤其是不能缺少石粉。羔羊日进食量应在2.5千克以上，饲料要过磅称重，不能估计重量。

羔羊早期断奶育肥技术具有投入少、效率高、方法简便等特点，可以充分利用早龄羔羊饲料转化率高的有利条件，生产高档羊肉。羔羊2～3月龄断奶，断奶后将其转入育肥圈舍，有条件的可先将母羊移走，让羔羊在原圈舍内饲养15～20天后再将其转入育肥圈舍。

羔羊向育肥圈舍转移最好晚上进行，这样羔羊应激程度小。要根据羔羊体格大小、肥瘦、强弱进行分群，以便管理。

羔羊分群转入育肥圈舍，继续饲喂原饲草、饲料1周后，把表现好的羔羊选出留作种用，转入后备群饲养。其余准备育肥的羔羊逐步更换育肥饲料，利用10～14天的时间，将饲料完全更换为育肥饲料。

这时要对绵羊羔羊进行剪毛，并选择在晴天进行。剪毛后3～5天驱虫一次，间隔7～10天再驱虫一次。羔羊育肥前剪毛、驱虫有利于其增重。

104. 什么是断奶羔羊快速育肥技术？

羔羊断奶后育肥是羊肉生产的主要方式。一般情况下，对体重小或体况差的羔羊进行适度育肥，对体重大或体况好的羔羊进行强度育肥，均可进一步提高经济效益。该技术灵活多样，可视当地牧草状况和羔羊类型选择育肥方式，如强度育肥或一般育肥、放牧育肥或舍饲育肥等；根据育肥计划、当地条件和增重要求，选择全精饲料型、粗饲料型和青贮饲料型育肥，并在饲养管理上分别对待。

(1) 全精饲料型日粮育肥　此法只适用于体重35千克左右的健壮羔羊育肥，通过强度育肥，50天达到48 ～ 50千克出栏体重。

建议日粮配制以玉米-豆粕型日粮为主，饲养管理要点是保证羔羊每天每只额外食入粗饲料45 ～ 90克，可以单独喂给少量秸秆。也可用秸秆当垫草，垫草需每天更换。

(2) 粗饲料型日粮育肥　此法按投料方式分为普通饲槽用料和自动饲槽用料两种，前者是把精饲料和粗饲料分开喂给，后者则是把精、粗饲料混合在一起的全日粮饲料。为了减少饲料浪费，建议规模化肉羊饲养场采用自动饲槽，用粗饲料型日粮饲喂。

日粮配制：玉米58.75%，干草40%，黄豆饼1.25%。此配方风干饲料中含粗蛋白11.37%、总消化养分67.10%、钙0.46%、磷0.26%，精粗比为60 ： 40。

饲养管理要点：日粮用干草应以豆科牧草为主，其粗蛋白含量不低于14%；配制出的日粮在成色上要一致，尤其是带穗玉米必须碾碎，以羔羊难以从中挑出玉米粒为准，常用的筛孔为0.65厘米。按照渐加慢换的原则，让羔羊逐步转入育肥日粮喂量，每只羔羊按1.5千克日喂量投放。

(3) 青贮饲料型日粮育肥　此法以玉米青贮饲料为主，可占日粮的67.5% ～ 87.6%。一般青贮方法很难用于育肥初期羔羊和短期强度育肥羔羊，但若选择豆科牧草、全株玉米、糖蜜、甜菜渣等原料青贮，并适当降低其在日粮中的比例，也可用于强度育肥，羔羊育肥期可大为缩短，育肥期日增重能达到160克以上。

日粮配方：碎玉米粒27％，青贮玉米67.5％，黄豆饼5％，石粉0.5％，维生素A和维生素D分别为1 100国际单位和110国际单位，抗生素11毫克。此配方风干饲料中含粗蛋白11.31％、总消化养分70.9％、钙0.47％、磷0.29％，精粗比为67 ：33。

105. 肥羔生产有什么优点？

以放牧为主的羊肉生产主要依靠宰杀羯羊、病残羊和淘汰羊，用这种方式生产羊肉，时间长、周转慢、商品率低。因此，要改变生产方式，推广肥羔生产方式。肥羔生产的优点表现在：

(1) 羔羊生长快，饲料转化率高，成本低，收益高。

(2) 羔羊育肥提高了出栏率及出肉率，缩短了生长周期，加快了羊群周转，提高了经济效益。

(3) 羔羊肉质具有鲜嫩、多汁、精肉多、脂肪少、味道美、易消化及膻味轻等优点，受到消费者欢迎，市场价格明显提高。

(4) 羔羊育肥的皮张质量比老年羊皮张质量好，是生产优质皮革制品的原料。

106. 什么是暖棚育肥法？

暖棚育肥是借助增温保温的塑料棚（圈），充分利用太阳能和羊体自身散发热量的积蓄，将棚（圈）内的温度提高，创造适于羔羊生长的人工小气候，降低维持需要，减少不必要的"代谢能量"消耗，使其充分有效地利用饲草、饲料，促进生长发育，提高经济效益。

暖棚（圈）的架设可本着因陋就简、就地取材的原则，方法灵活多样。以原有简陋的产羔舍或育羔舍为基础，只需在屋顶与地面之间用竹竿做支架，外面铺设塑料薄膜即可，塑料薄膜上面用麻线或铁丝固定，防止被风吹起。

也可以坐南朝北设计暖棚，用砖块在四周砌墙，北墙高2米，在北墙高1.5米处留小窗，南墙高1.3米，东墙留门，棚顶用木杆或竹竿（片）搭架，上盖塑料薄膜，建成塑料暖棚。暖棚四周砖墙最好为假三七墙，即中空墙，这样有利于保温。暖棚塑料薄膜上面应有麻绳或铁丝固定，并架设可以卷收的草苫，白天将草苫收起，晚上放下，冷天可不收起草苫保暖。

107. 提高肉羊生产的关键技术有哪些？

（1）推行二元或三元杂交 以当地土种羊作为母本，引入肉用良种羊作父本，杂交一代母羊再与另一品种公羊杂交，后代用于生产肥羔，当年出栏。这种生产方式既利用了杂种优势、提高了产肉性能，也保存了当地羊的优良特性。

（2）母羊妊娠后期补饲 胎儿重量的80%是在妊娠后期2个月增长的，这时给母羊补饲，能弥补营养的不足，保证胎儿正常发育。给母羊妊娠后期补饲，所生羔羊初生重、断奶重均较高，而且母羊产后乳量充足，羔羊发育健壮。

（3）羔羊的补饲 羔羊在2月龄以内增重最快，其食物以乳为主，因此，要保证羔羊吃到足够的母乳。羔羊3月龄以后，母羊泌乳量开始骤减，羔羊的采食量则日渐增加，所以应加强对羔羊的补饲。喂给羔羊优质的草料，使前胃受到锻炼，发育日益完善，采食量也随之逐渐增加，这对羔羊生长发育有利。

（4）适时断奶 断奶的年龄应根据羔羊发育状况及母羊繁殖特性来决定。羔羊发育良好或母羊一年两产，可适当提早断奶；羔羊发育较差，应适当延长哺乳时间。一般在羔羊60～90日龄、体重15千克以上时断奶比较合适，这时羔羊可以完全利用草料。

（5）适时屠宰 羔羊生长具有一定的规律性，前期生长较快，

饲料转化率较高；后期生长较慢，饲料转化率降低。

(6) **防治体内外寄生虫**　采用驱虫与药浴的药物防治方法，使危害羊体正常生长发育的寄生虫得到有效的控制。寄生虫可降低羔羊生长速度15%～30%，甚至可使个别体况欠佳的羊致死。防治体内外寄生虫是保证肥羔生产的重要措施。

(7) **选用适宜的促生长剂**　在肉羊饲料中添加适量的促生长剂，可以增加肉羊的日增重，效果较好。

108. 影响肉羊高产育肥的因素有哪些？

影响肉羊高产育肥的因素很多，有品种、营养饲料、育肥方式等。

(1) **品种**　养肉羊能否多赚钱，首先取决于所饲养的品种是否适宜。尽管所有品种的羊都可用于生产羊肉，但由于其生产方向不同，产肉效率相差很大。例如，早熟肉用品种羊的屠宰率高达65%～70%，一般品种为45%～50%，毛用细毛羊仅为35%～45%。我国地方品种羊产肉性能与国外专门化肉羊品种相比存在很大差距。例如，我国绵羊品种中的乌珠穆沁羊在国内为优秀的肉脂兼用羊品种，6～7月龄公、母羊体重分别为39.6千克和35.9千克，成年公、母羊体重分别为74.4千克和58.4千克，为我国大体型肉脂羊品种。但与国外肉用绵羊品种相比，仍存在很大差距。例如，原产于英国的萨福克肉用羊，7月龄单胎公、母羔体重分别为81.7千克和63.5千克，成年公、母羊体重分别为136千克和91千克。可见，饲养高生长速度的肉羊品种较饲养低生长速度的肉羊品种经济效益必然会高很多。但是，发展肉羊生产不可盲目追求饲养高生长速度、大体型品种，尽管饲养高生长速度的肉羊品种比饲养低生长速度的肉羊品种收益要高，但越是高产品种羊对饲草、饲料条件和营养需要量要求越高，往往抗病力也较本地品种羊低。因此，在选择饲养的适宜肉羊品种时，应结合本场或本地的实际饲养条件来确定。

(2) 营养饲料 饲料成本占肉羊生产总成本的比重最大，所以节约饲料可明显提高养羊经济效益。营养物质的消化吸收是按一定比例进行的，而且具有就低不就高的特点，当营养物质不平衡时，高出的部分会被浪费。所以在肉羊生产中，不仅要保证肉羊饲料种类的丰富和储量的充足，而且应根据肉羊营养需要和饲料营养成分合理配合肉羊日粮。目前，在肉羊饲养实践中，由于肉羊日粮不完善而导致养羊不赚钱甚至赔钱的现象十分严重，主要表现为饲料种类单一、饲料品质差、日粮配合不合理等。

羊肉富含蛋白质、脂肪、矿物质及维生素，且羊肉中的赖氨酸、精氨酸、组氨酸、丝氨酸和酪氨酸等人体必需氨基酸种类齐全，而肉羊所采食的饲料绝大多数是植物及其副产品，营养价值低且不完全，这就要求肉羊饲料种类必须丰富、多样化。粗饲料是饲养肉羊的基本饲料，在农区主要以农作物秸秆为主。秸秆饲料质地粗硬、适口性差、营养价值低、消化利用率不高，直接用这种饲料喂羊，会降低肉羊的生产性能。为此，对饲料进行加工调制，提高适口性、采食速度、采食量和消化率是提高肉羊饲养效益的有效途径。肉羊生产实际中常见的问题是饲养管理粗放，有啥吃啥，不重视日粮配合，不能满足不同生理时期肉羊对营养的需要量，结果导致生产性能低下，甚至导致一些营养性疾病的发生。例如，育肥日粮的精、粗饲料比例一般以45%精饲料和55%粗饲料的配合为优，若精饲料所占比例过低，则育肥效果不理想；若日粮中钙、磷比例失调，则易引起尿结石症。处于不同生理时期的肉羊，对营养的需要量及种类要求不同。例如，对羔羊进行育肥，实际上包括羔羊生长和育肥两个过程。生长过程是肌肉和骨骼的生长过程，因此需要高蛋白水平的日粮；育肥过程主要是脂肪的沉积过程，因此要求日粮中含有较高的能量水平。

所以育肥羔羊要求其日粮必须是高蛋白、高能量水平的日粮。对于成年羊育肥，由于主要是育肥过程，即脂肪沉积的过程，所以成年羊育肥日粮以高能量和较低蛋白水平为特征。

（3）**育肥方式** 肉羊育肥是为了在短期内用低廉的成本获得质好量多的羊肉。若没有选择好育肥方式，将会降低肉羊育肥增重速度，增加育肥成本，降低肉羊育肥效益。应结合当地的生产实际，选择适宜的育肥方式。例如，在草山草坡资源丰富而饲草品质优良的牧区，可利用青草期牧草茂盛、营养丰富和羊增膘速度快的特点进行放牧育肥，可将育肥所需饲料成本降至最低，是最经济的育肥方式；在缺乏放牧地而农作物秸秆和粮食饲料资源丰富的农区，则可开展舍饲育肥，这种育肥方式尽管饲料和圈舍资金投入相对较高，但可按市场需要进行规模化、工厂化生产羊肉，使房舍、设备和劳动力得到充分利用，生产效率高，也可获得很好的经济效益；若放牧地区饲草条件较差或为了提高放牧育肥羊的增重速度，则可采用放牧加舍饲的混合育肥方式。混合育肥较放牧育肥可缩短羊肉生产周期，增加肉羊出栏量和出肉量，与舍饲育肥相比可降低育肥成本，对于具有放牧条件和一定补饲条件的地区，混合育肥是肉羊的最佳育肥方式。

（4）**育肥年龄** 肉羊的育肥年龄影响育肥效益。例如，不同品种羊育肥增重速度不同，故育肥时期长短也不一致，一般细毛羔羊育肥在8.0～8.5月龄结束，半细毛羔羊育肥在7.0～7.5月龄结束，肉用羔羊育肥在6.0～7.0月龄结束。从育肥肉羊年龄划分，肉羊育肥可分为羔羊早期育肥、羔羊断奶育肥和成年羊育肥，由于不同年龄育肥羊所需的营养需要量和增重指标的要求不同，因此要结合肉羊品种的生长发育特性，选择合适的年龄育肥，才能收到良好的育肥效果。

（5）**繁殖技术** 肉羊生产以宰杀育肥羔羊为前提。繁育技术对肉羊育肥的影响主要表现在母羊产羔间隔时间长、母羊配种受胎率低和羔羊成活率低。例如，我国牧区和山区所饲养的羊品种，多为秋季发情配种，来年产羔，产羔间隔时间长达1年，若母羊当年未受孕，产羔间隔则延长为2年。由于产羔间隔时间长，育肥羔羊的繁殖成本提高，降低了肉羊饲养效益。若采用繁殖新技术，将母羊的产羔间隔缩短为8个月，则可使母羊年繁殖羔羊效率提高0.5倍，而育肥羔羊的繁殖成本则可望降低30%。同样，提高母羊配种受胎率和羔羊成活率也是降低育肥羔羊繁殖成本的有效途径。

（6）**育肥目标**　育肥目标是人们通过一段时间育肥所获得的羊肉产品，是生产大羊肉还是羔羊肉主要取决于育肥肉羊的年龄。大羊肉是指宰杀1周岁以上的羊所获得的羊肉，羔羊肉是宰杀1周岁以下羊所获得的羊肉。还有一种羊肉称肥羔肉，属于羔羊肉，是宰杀4～6月龄经育肥的羔羊所生产的羊肉。羔羊肉较大羊肉具有肌肉纤维细嫩、肉中筋腱少、胴体总脂肪含量低、易于消化等特点，因此国际市场羔羊肉的价格比大羊肉要高出1倍左右。可见，生产品质好的羔羊肉较生产品质差的大羊肉占有明显的价格优势。此外羔羊肉生产还具有生长速度快、饲料转化率高、生产周期短、育肥成本低等优点。因此，当前世界羊肉生产的发展趋势是由以前生产大羊肉转向生产羔羊肉。我国近年来虽然羊肉总产量平均每年以10%左右的速度增长，但羊肉产品质量整体偏差、生产效率低，肉羊饲养的经济效益差。

（7）**防疫制度**　肉羊生产中所发生的疾病，可分为传染病、寄生虫病和普通病三类。传染病是由于病原微生物（如细菌、病毒、支原体等）侵入羊体而引起的疾病，若不及时防治常引起病羊死亡。而且病羊具有传染性，病原微生物可从其体内排出，通过直接接触传染给其他健康羊，造成疾病的蔓延，若防治措施不当可使羊大批发病或死亡，造成严重经济损失。寄生虫病是由于寄生虫寄生于羊体，通过虫体对羊的器官、组织造成机械性损伤，夺取营养或产生毒素，使羊消瘦、贫血、营养不良而导致生产性

能下降的疾病。寄生虫病虽不如传染病传播迅速，但具有侵袭性，也可使多数羊发病，从而造成重大的经济损失。普通病是由于饲养管理不当、营养代谢失调、误食毒物、机械损伤、异物刺激或其他外界因素（如高低温、强光等）影响所致。普通病没有传染性或侵袭性，多为零星发生。但肉羊误食有毒或霉变的饲料，也会引起大批发病，造成严重的经济损失。

109. 如何选择羊舍场址？

干燥通风，冬暖夏凉的环境是羊最舒适的生活环境，因此，选择羊舍场址的基本原则是：地势较高，地下水位低，排水良好，通风干燥，南坡向阳，切忌选低洼涝地、山洪水道、冬季风口之地；地形要开阔整齐，场地不要过于狭长或边角太多；水源充足、清洁、无污染，上游地区无排污厂矿、寄生虫污染危害区。以舍饲为主时，水源以自来水最好，其次是井水。成年母羊和羔羊舍饲时日需水量分别为10升/只和5升/只，放牧时日需水量分别为5升/只和3升/只。同时应交通便利，通信方便，有一定的能源供应条件；能保证防疫安全，羊场应距城镇、村庄、学校、屠宰加工厂、化工厂等有污染的单位及公路、铁路等主要交通干线和河流500米以上。

110. 羊舍有哪几种类型？各自的特点是什么？

不同类型的羊舍，在提供良好小气候条件下有很大的差别。根据不同结构划分标准，将羊舍划分为若干类型。

（1）根据羊舍四周墙壁封闭的严密程度，可划分为封闭式羊舍（图5-7）、开放式与半开放式羊舍（图5-8）和棚舍（图5-9）三种类型。封闭式羊舍四周墙壁完整，保温性能好，适合较寒冷的

图5-7　封闭式羊舍

图5-8　半开放式羊舍

图5-9　棚　舍

地区采用；开放式与半开放式羊舍三面有墙，开放式羊舍一面无长墙，半开放式羊舍一面有半截长墙，保温性能较差，通风采光好，适合于温暖地区，是我国较普遍采用的类型；棚舍只有屋顶而没有墙壁，防太阳辐射，适合于炎热地区。

（2）根据羊舍屋顶的形式，可分为单坡式、双坡式、拱式、钟楼式、双折式等类型。单坡式羊舍跨度小，自然采光好，适用于小规模羊群和简易羊舍选用；双坡式羊舍跨度大，保暖能力强，但自然采光通风差，适合于小规模羊群和简易羊舍选用，是最常用的一种类型。在寒冷地区，还可选用拱式、双折式平屋顶等类型；在炎热地区可选用钟楼式羊舍。

111. 羊场规划的主要技术经济指标是什么？

羊场规划的技术经济指标是评价场区规划是否合理的重要内

容。新建场区可按下列主要技术经济指标进行，对局部或单项改、扩建工程的总平面设计的技术经济指标可视具体情况确定。

（1）占地估算　按存栏基础母羊计算：占地面积为15～20米²/只，羊舍建筑面积为5～7米²/只，辅助和管理建筑面积为3～4米²/只。按年出栏商品肉羊计算：占地面积为5～7米²/只，羊舍建筑面积为1.6～2.3米²/只，辅助和管理建筑面积为0.9～1.2米²/只。

（2）所需面积　羊舍建筑以50只种母羊为例，建筑面积为147米²，运动场面积为850米²，不同规模按比例折算，具体参数见表5-1。

表5-1　羊场建筑物占地面积

羊舍构成	存栏数（只）	羊舍面积（米²）	运动场面积（米²）
待配及妊娠母羊舍	25	75	150
哺乳母羊及产羔室	25+50	100	350
青年羊舍	50	40	200
饲料间	—	10	—
观察室	—	8	—
人工授精室	—	6	—

（3）羊舍高度　2～2.5米。

（4）门窗面积　窗户与羊舍面积之比为1：12。

（5）羊场的规模　按年终存栏数来划分，大型羊场为5万～10万只，中型羊场为1万～5万只，小型羊场为1万只以下，养羊专业户一般饲养500～5 000只。

（6）建筑密度　小于或等于35%。

（7）绿地率　大于或等于30%。

（8）运动场面积　按每只成年羊6米²估算，其他类型羊不计。

（9）造价指标　300～450元/米²。

112.国家羊核心育种场的基本条件有哪些？

（1）取得种畜禽生产经营许可证，达到与养殖规模相符合的环保要求。

（2）具备较强的自主创新能力，具有较好的育种或扩繁工作基础，商业化育种模式基本建立。配备能满足需要的设施设备和信息化数据管理系统。

（3）设有育种或繁育部门，有与本场规模相适应的专职专业技术人员，有执业兽医师，或开展科企紧密合作，技术力量较强。

（4）取得动物防疫条件合格证，疫病防控能力强。种群健康状况良好，符合种用动物卫生健康标准要求。

（5）符合《全国畜禽遗传改良计划实施管理办法》规定的羊重大或重要疫病控制要求。经省级以上动物防疫机构检测，口蹄疫达到国家规定的免疫无疫标准，免疫抗体合格率85%以上且病原学检测阴性；布鲁氏菌病达到非免疫净化标准，布鲁氏菌抗体检测阴性；小反刍兽疫根据当地免疫政策规定，达到免疫无疫，即免疫抗体合格率90%以上且病原学检测阴性（要求小反刍兽疫强制免疫的地区）或者非免疫净化标准（要求小反刍兽疫不免疫的地区）。其他疫病防控符合国家相关要求。

113.国家羊核心育种场的种群要求有哪些？

（1）生产经营的种羊应为《国家畜禽遗传资源品种名录》收录或通过农业农村部公告的品种。

（2）种群符合本品种特征，无遗传缺陷和损征，质量符合种用要求。

（3）核心群基础母羊单品种数量达到以下要求：

肉羊，绵羊地方品种或培育品种不少于1 200只；山羊地方品种或培育品种不少于800只；绵羊或山羊引进品种不少于800只。毛（绒）用羊，绵羊地方品种或培育品种不少于1 200只；山羊地方品种或培育品种不少于800只；绵羊或山羊引进品种不少于800只。乳用羊，绵羊或山羊培育品种或引进品种不少于800只。

114. 国家羊核心育种场的技术要求有哪些？

（1）对标羊遗传改良计划，有5年以上的育种方案，目标明确，年度生产性能、繁殖性能指标具体。严格执行育种规划、种羊选育方案，开展遗传评估，并有前2年选育工作总结报告。

（2）种羊生产性能测定制度健全，并严格执行。有完整的配种和产羔记录，记录及时、清晰。

（3）有2年以上持续开展的种羊生产性能测定记录，年测定核心群个体应全覆盖，绵羊不低于800只、山羊不低于600只。初生重、断奶重、6月龄体重体尺、12月龄及24月龄体重体尺、体型外貌鉴定、产羔率和断奶成活率等测定指标记录完整且无间断。

（4）有口蹄疫、布鲁氏菌病、小反刍兽疫等主要动物疫病净化维持方案、记录。

（5）生物安全防护体系、健康养殖技术体系健全，相关规章制度、管理措施合理，具有可操作性。

115. 种羊生产性能测定条件有哪些？

（1）待测种羊必须健康、生长发育正常、无遗传缺陷。

（2）待测种羊父、母亲本个体号（ID）应正确无误。

（3）待测种羊的营养水平应达到相应饲养标准的要求，饲养

环境及卫生条件参照《畜禽场环境质量及卫生控制规范》（NY/ T 1167—2006）的规定。

（4）待测种羊的圈舍、运动场、光照、饮水和卫生等管理条件应基本一致。

（5）测定和记录工作应由经过培训并取得技术资格证的人员专门负责。

（6）测定场应有健全的卫生防疫制度、消毒制度、免疫程序和疫病检疫制度。

116. 种羊生产性能测定时一般测定的肉用性状有哪些？

（1）基本测定项目　90日龄体重、6月龄体重、宰前活重、胴体重、屠宰率。

（2）辅助测定项目　背膘厚、眼肌面积、肋肉厚（GR值）、肉骨比、腰肉重、后腿重、胴体净肉率、肉色、失水率和体况评分等。

六、

羊的疫病防控

117.羊病发生有什么特点？

羊病的发生有以下特点：

（1）羊具有较强的抗病能力，在正常的饲养管理情况下很少生病。

（2）羊对病的反应不太敏感，在发病初期往往没有明显的症状，只有在病情严重时才有明显的表现，这时羊已处于病程后期，治疗效果不明显。所以，对羊病要早发现、早治疗，在饲养管理中勤观察羊的表现，发现异常，随时诊治。

（3）羊病发生有一定的季节性，多数病发生在季节交替时期，特别是冬春交替季节。

（4）羊病发生与饲养管理有直接的关系。在羊膘情差、管理粗放、环境变化较大和受到应激时往往降低羊的抗病力，诱发疾病。

（5）羊病是可以预防的。每年在春季注射预防传染病的疫苗，春秋两季做好驱虫工作，可以有效防止羊传染病和寄生虫病的发生。

118.怎样预防羊病的发生?

(1) 做好饲养管理,增强个体的抗病能力 严格遵守饲养管理原则,不喂发霉变质饲料,不喂污水和冰冻水,使羊膘肥体壮,提高个体的抗病能力。

(2) 做好环境卫生及清毒工作 羊场入口设置消毒通道(图6-1)。圈养羊应保持圈舍、场地和用具的卫生。经常清扫圈舍,对粪尿等污物集中堆积发酵30天左右。同时定期用消毒药(如百毒杀等高效低毒药物)对圈舍场地进行消毒,防止疾病的传播(图6-2)。

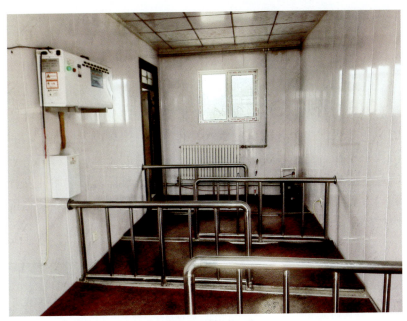

图6-1 入场消毒通道

图6-2 圈舍消毒

（3）有计划地做好免疫接种工作（表6-1） 对羊群进行免疫接种是预防和控制羊传染病的重要措施。经过免疫接种体质健壮的成年羊会产生很强的免疫力，但幼年羊、体弱或患慢性疾病的羊效果不佳。对于妊娠母羊、特别是临产前的母羊，接种时由于驱赶、捕捉和疫苗反应等有时会引起流产、早产，影响胎儿发育和导致免疫效果不佳。在疾病威胁区为确保羊群健康，应紧急预防接种疫苗。

表6-1 羊用疫苗及免疫方案（供参考）

疫苗	免疫时间	免疫方法
羊三联四防或羊五联灭活疫苗	基础免疫后每6个月免疫一次，免疫期6个月	用于预防羊快疫、猝狙、羔羊痢疾及肠毒血症。种羊一年两次，羔羊可根据母源抗体情况首免（2～3月龄），皮下或肌内注射

（续）

疫苗	免疫时间	免疫方法
山羊痘活疫苗（绵羊亦可用）	基础免疫后每6个月免疫一次，免疫期6个月	用于预防羊快疫、猝狙、羔羊痢疾及肠毒血症。山羊痘和绵羊痘的发生不分季节和羊年龄大小，冬末春初和羔羊为甚。根据羊的大小，尾根内皮下注射0.5毫升（2头份）
羊口疮活疫苗	基础免疫后每3个月免疫一次，免疫期3个月	羊口疮发病不分季节和羊年龄大小，春、夏、秋季和羔羊（3～6月龄）为甚。首免应在羔羊15日龄以上，口腔下唇黏膜划痕接种0.2毫升
羊传染性胸膜肺炎灭活疫苗	基础免疫后每6个月免疫一次，免疫期6个月	羊传染性胸膜肺炎四季均有发生，早春、秋末、冬季易发。皮下或肌内注射，成年羊5毫升，半年以下羔羊3毫升
羊布鲁氏菌病活疫苗（S2）	免疫期1年，5月龄首免后可每年免疫一次	羊布鲁氏菌病为人畜共患病，应注意防护。山羊和绵羊肌内注射100亿个活菌，或口服200亿～300亿个活菌。注射不能用于孕羊
羊包虫基因工程疫苗	免疫期为1年，基础免疫后每年免疫一次	羊包虫病在牧区流行，内地有扩散。种羊一年一次，羔羊可根据母源抗体情况首免。皮下注射1毫升
小反刍兽疫活疫苗（可向企业订购）	基础免疫后每年免疫一次，免疫期1年	小反刍兽疫在全国各地流行。颈部皮下注射1毫升
口蹄疫灭活疫苗（可向企业订购）	基础免疫后每6个月免疫一次，免疫期6个月	母羊分娩前4周接种一次，羔羊2月龄首免（间隔3周二次免疫），以后每6个月免疫一次。母羊配种前4周进行免疫注射

注：基础免疫为首免（间隔2～3周二次免疫）。羔羊可根据母源抗体情况确定首免时间。易发季节和易感羊群需接种。有些羊病如炭疽、气肿疽、肉毒梭菌中毒症很少出现，故未列出。

（4）发生传染病时应采取相应措施　羊群发生传染病后，应立即进行隔离、封锁，逐级上报有关畜牧兽医部门，由市、县级兽医部门确诊，按国家《动物防疫法》进行处理。

119.怎样识别病羊？

羊病诊断是对羊病本质的判断：查明病因，确定病性，为制定和实施羊病防治方案提供依据。识别羊病是防治工作的前提，只有及时准确地诊断，防治工作才能有的放矢，否则就会盲目行事。现结合生产实践介绍如何识别羊病。

视频8

一看反刍，健康的羊每采食30分钟反刍30~40分钟，一昼夜反刍6~8次；病羊反刍减少或停止。

二看动态，健康的羊不论采食或休息，常聚集在一起，休息时多呈半侧卧姿势，人一接近立即站起；病羊运动时常落后于羊群，喜卧地，出现各种异常卧姿。

三看粪便，健康的羊粪便一般呈小球状且比较干燥，补喂精饲料的羊粪便可呈软团块状、无异味，尿液清亮无色或略带黄色；病羊粪便或稀或硬，甚至停止排粪，尿液呈黄色或带血。

四看毛色，健康的羊被毛整洁、有光泽、富有弹性；病羊被毛蓬乱而无光泽。

五看羊耳，健康的羊双耳经常竖立且灵活；病羊头低耳垂，耳不摇动。

六看羊眼，健康的羊眼灵活、明亮有神、洁净湿润；病羊则眼睛无神。

七看口舌，健康的羊口腔黏膜为淡红色、无恶臭；病羊口腔黏膜淡白、流涎或潮红、干涩、有恶臭味。健康羊的舌头呈粉红色且有光泽，转动灵活，舌苔正常；病羊舌头转动不灵活，软绵无力，舌苔薄而色淡或厚而粗糙无光。

120. 肉羊主要疾病防控新技术研究与示范的核心技术与实施内容是什么？

（1）检测新技术及产品研发　针对肉羊重要传染病（小反刍兽疫、布鲁氏菌病、羊痘、绵羊肺腺瘤等）开展早期感染快速诊断、感染与免疫鉴别诊断、血清中和抗体检测技术研究及产品研发；开展肉羊消化道寄生虫、血液寄生虫双重或多重聚合酶链式反应（PCR）快速检测方法研究；针对常见营养代谢病与中毒性疾病开展早期快速诊断与监测新技术研究。

（2）免疫防控与药物防治技术及产品研发　开展羊口疮-羊痘二联疫苗、小反刍兽疫新型疫苗的研制；重点针对羊球虫病、硬蜱病等肉羊常见寄生虫病开展广谱、高效及长效的驱虫或杀虫药物研制；针对母羊流产和羔羊消化道疾病，开展绿色高效的治疗和保健药物研制及施药新技术的研究；针对肉羊主要营养代谢病与中毒性疾病开展防治药物及施药新技术的研究。

（3）种畜场高风险疫病防控与净化模式研究　集成现有的防控技术和产品，以种畜场为示范点，针对各个羊场的疫病实况，研究开展高风险疫病的免疫、监测、净化技术与模式研究，并研究制定相应技术规范或标准，与试验站和养殖企业共建技术示范基地。拟开展以下两方面工作：

①重大疫病（口蹄疫、小反刍兽疫、布鲁氏菌病）的免疫防控与监测净化。

②重要疫病（支原体肺炎、绵羊肺腺瘤、羊口疮）的免疫、监测与净化。

（4）规模场羊病综合防治技术示范　针对国内肉羊养殖集约化、异地集中快速育肥模式的发展趋势，重点开展肉羊应激综合征、地方性流行病（如羊痘、流产性衣原体病）、常见寄生虫病

（如球虫病、焦虫病、血蜱病）及主要营养代谢病（如尿结石、酸中毒）等多发性普通病的防控技术集成与示范应用，进而完善和制定相关技术规范。

（5）前瞻性研究　系统开展肉羊重要传染病（如小反刍兽疫、蓝舌病、口蹄疫、绵羊肺腺瘤等）的病原生态与分子流行病学研究，明确其流行情况；重点开展肉羊消化道、血液寄生虫病（如弓形虫病、球虫病、附红细胞体病、无浆体病等）的分子流行病学调查，明确嗜吞噬细胞无浆体的遗传进化特征及其与宿主细胞的互作机制；开展应激综合征、主要营养代谢病与中毒病的致病因素、致病效应及预警监测技术研究。

（6）诊治服务和人员培训　积极协助地方业务部门和综合试验站进行羊场疾病的诊治服务、人员培训工作。

121. 防控羊传染病的具体任务和扑灭措施有哪些？

防控羊传染病的具体任务是消灭传染来源、切断传播途径、提高羊体的免疫力，传染病一旦发生应及时就地扑灭。具体措施为：

（1）掌握疫情，查明传染来源。

（2）隔离病羊。

（3）紧急免疫接种和治疗。

（4）妥善处理病羊尸体。

122. 如何防治肉羊常见寄生虫病？

预防羊寄生虫病，应根据寄生虫病的流行特点，在发病季节到来之前，用药物给羊群进行预防性驱虫。预防性驱虫通常在每年4—5月及10—11月各进行一次，或根据地区特点调整驱虫时

间。羊的体外寄生虫主要有疥癣、虱蝇，体内寄生虫主要有线虫、绦虫等。

防治寄生虫病的基本原则：外界环境杀虫，消灭外界环境中的寄生虫病原；消灭传播者蜱和其他中间宿主，切断寄生虫传播途径；及时治疗病羊，消灭体内外病原，做好隔离工作，防止感染周围健康羊；对健康羊进行化学驱虫药物预防。

123. 使用驱虫药的注意事项有哪些？

（1）丙硫咪唑对线虫、吸虫和绦虫都有驱杀作用，但对疥螨等体外寄生虫无效，用于驱杀吸虫、绦虫时比驱杀线虫时用量应大一些。有报道，丙硫咪唑对胚胎有致畸作用，所以对妊娠母羊使用该药时要特别慎重，母羊最好在配种前驱虫。

（2）有些驱虫药物，如果长期单一使用或用药不合理，寄生虫会对驱虫药产生耐药性，有时会影响驱虫效果。可以通过减少用药次数、合理用药、交叉用药等方法避免寄生虫产生耐药性。

（3）目前伊维菌素的剂型有预混剂、针剂等。应注意有些注射液不是长效制剂，隔7天需要再注射一次。

124. 使用疫苗的注意事项有哪些？

（1）幼年、体质弱、有慢性病或饲养管理条件不好的羊，接种后产生的抵抗力就会差，有时也可能引起明显的接种反应。针对此类羊一般不主张接种。

（2）妊娠母羊特别是临产前的母羊，在接种时由于受驱赶和捕捉等影响或由于疫苗所引起的反应，有时会发生流产、早产或者引起胎儿发育异常。因此，如果不是已经受到传染病的威胁，最好暂时不接种。

（3）接种疫苗应严格按照各种疫苗的具体使用方法进行，严格遵守接种方法、接种剂量等。

（4）接种疫苗时不能同时使用抗血清；在给羊注射疫苗时，必须注意不能与疫苗直接接触；给羊注射疫苗后一段时间内，最好不用抗生素或免疫抑制药物。

（5）各类疫苗在运输、保存过程中要注意避免受热，活疫苗必须低温冷冻保存，灭活疫苗要求在4 ～ 8℃条件下保存。

（6）接种疫苗的器械（如注射器、针头、镊子等）要事先消毒好。根据羊场情况，每只羊换一个注射针头或5只羊换一个注射针头。

（7）疫苗一经开启，要在2小时内用完，否则会失去效力。

125. 何谓人畜共患病？来源于羊的人畜共患病有哪些？

人畜共患病即人类和脊椎动物之间自然传播的疾病。其病原包括病毒、细菌、支原体、螺旋体、立克次体、衣原体、真菌、寄生虫等。人畜共患病可以通过接触传染，也可以通过吃肉或其他方式传染。带病的畜禽、皮毛、血液、粪便、骨骼、肉尸、污水等，往往会带有各种病菌、病毒和寄生虫虫卵等，处理不好就会传染给人。

羊布鲁氏菌病、羊传染性脓疱病、羊结核病、羊口蹄疫等均为人畜共患病。

126. 如何正确给羊进行药浴？

药浴是防治羊体外寄生虫的一种简单而实用的方法（图6-3、图6-4），为保证羊健康生长发育，保持较高的生产性能，需要定期对羊进行药浴，驱杀体外寄生虫。药浴池结构见图6-5。

图6-3　喷淋药浴

图6-4　浸泡药浴

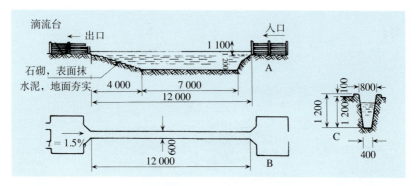

图6-5 药浴池构造（单位：毫米）
A.纵剖面图 B.平面图 C.横面图

（1）药物的选择：应选用高效、低毒的药物，并稀释到合理的浓度，常用的药浴液有0.05%辛硫磷溶液和20%氰戊菊酯乳油和螨净等。

（2）药浴时间的选择：一般选择绵羊剪毛1周后，山羊抓绒后进行第一次药浴；隔7～10天后，进行第二次药浴。

（3）药浴应选择在晴朗无风的天气进行，阴雨天、大风天、气温降低时不要药浴，以免羊受凉感冒。

（4）药浴液的温度以20～25℃为宜。

（5）药浴前2小时不要放牧，使羊得到充分休息，饮足水，以免羊口渴饮药液而引起中毒。

（6）大批羊进行药浴前，应先对少数羊进行试浴，如无不良现象发生，再大批进行药浴。

（7）每只羊的药浴时间大约为1分钟，药浴时羊头部常露出水面，须有专人用木棍把羊头按入药液中2～3次，充分洗浴头部。

（8）药浴液应现用现配，先药浴健康羊，后药浴病弱羊，药液不足时应及时添加同浓度药液。

（9）药液深度应保持在0.8米左右，以使羊体能漂浮在水中。

（10）药浴后，待羊体上的药液自然晾干，方可放牧。

127.肉羊中毒后如何救治？

(1) 中毒的急救

①毒物排除法：羊中毒后，不时用温水1 000毫升加活性炭50 ～ 100克或0.1%高锰酸钾液1 000 ～ 2 000毫升，反复洗胃，并灌服人工盐泻剂或硫酸钠25 ～ 50克，促使未吸收的毒物从胃肠道排出。灌服牛奶和生鸡蛋500克也有解毒作用。

②全身疗法：给羊静脉注射10%葡萄糖或生理盐水或复方氯化钠溶液500 ～ 1 000毫升，均有稀释毒物、促进毒物排出的作用。

③对症疗法：根据羊的疾病症状选用药物，心衰时可肌内注射0.1%盐酸肾上腺素2 ～ 3毫升或10%安钠咖5 ～ 10毫升；兴奋不安时，口服乌洛托品5克；肺水肿时，可静脉注射10%氯化钙注射液500毫升。

④查明中毒原因后，采用有针对性的治疗药物治疗。

(2) 过量谷物饲料中毒　可用碳酸氢钠20 ～ 30克，鱼石脂酒精10毫升内服，每天2 ～ 3次。

(3) 尿素中毒　中毒羊表现为精神不安、肌肉颤抖、步态不稳、卧地呻吟、气胀。一旦发现羊尿素中毒，要先给其灌服食醋200 ～ 300毫升，再内服硫酸钠、硫酸镁或植物油等泻剂，臌气严重时可实施瘤胃穿刺术。

(4) 食盐中毒　主要症状为口渴，急性中毒羊口腔流出大量泡沫，精神不安，磨牙，肌肉震颤。应及时给予大量饮水，并内服油类泻剂，静脉注射10%氯化钙或10%葡萄糖酸钙。也可皮下或肌内注射维生素B_1，并进行补液。

(5) 青贮饲料中毒　羊采食发酵过度的酸性青贮饲料时，易发生中毒。首先应停止饲喂青贮饲料。严重的病羊，口服碳酸钠5 ～ 10克、人工盐5 ～ 10克，每天2次。

128.怎样防治羊常见的营养代谢病?

羊常见的营养代谢病有羔羊白肌病、羊酮尿病、羊佝偻病、绵羊食毛症、羊维生素A缺乏症、羊异食癖等。大多数此类疫病是由于饲料营养不平衡造成。必须在病原学诊断的基础上,改善饲养管理,给予全价日粮,并且有针对性地放置舔砖(图6-6),任羊自由舔食(图6-7)。

图6-6　舔砖

图6-7　饲喂舔砖

129. 羊场如何合理使用常用的消毒和治疗药物？

视频9

(1) 消毒药物

①生石灰：加水配成10%～20%石灰乳，适用于消毒口蹄疫、传染性胸膜肺炎、羔羊腹泻等病原污染的圈舍、地面及用具。干石灰可撒布地面消毒。

②氢氧化钠（火碱）：有强烈的腐蚀性，能杀死细菌、病毒和芽孢。其2%～3%水溶液可消毒羊舍和槽具等，并适用于门前消毒池。

③来苏儿：杀菌力强，但对芽孢无效。3%～5%溶液可供羊舍、用具和排泄物消毒。2%～3%溶液用于手术器械及洗手消毒。0.5%～1%浓度内服200毫升可以治疗羊胃肠炎。

④新洁尔灭：为表面活性消毒剂，对许多细菌和霉菌杀伤力强。0.01%～0.05%溶液用于黏膜和创伤的冲洗，0.1%溶液用于皮肤、手指和术部消毒。

(2) 抗生素类药物

①青霉素：青霉素种类很多，常用的是青霉素钾盐和钠盐，主要对革兰氏阳性菌有较强的抑制作用。肌内注射可治疗链球菌病、羔羊肺炎、气肿疽和炭疽。治疗用量：肌内注射20万～80万单位，每天2次，连用3～5天。不宜与四环素类、卡那霉素、庆大霉素、磺胺类药物配合使用。

②链霉素：主要对革兰氏阴性菌具有抑制和杀灭作用，对少数革兰氏阳性菌也有作用。口服可治疗羔羊腹泻，肌内注射可治疗炭疽、乳腺炎、羔羊肺炎及布鲁氏菌病。治疗用量：羔羊口服0.2～0.5克，成年羊注射50万～100万单位，每天2次，连用3天。

③泰乐霉素：对革兰氏阳性菌及一些阴性菌有效，特别对支原体的作用强，可治疗羊传染性胸膜肺炎。治疗用量：肌内注射，

每千克体重5～10毫克，内服用量为每千克体重100毫克，每天用药1次。

（3）抗寄生虫药物

①硫酸铜：用于防治羊莫尼茨绦虫、捻转血矛线虫及毛圆线虫。治疗用量：1%硫酸铜溶液内服，3～6月龄羊30～45毫升，成年羊每只每次80～100毫升。

②丙硫咪唑：用于防治胃肠道线虫、肺线虫、肝片吸虫和绦虫，对所有消化道线虫的成虫驱除效果最好。治疗用量：内服，每千克体重10～15毫克。

③阿维菌素、伊维菌素：为广谱抗寄生虫药，具有高效广谱和安全低毒等优点，对羊各种胃肠线虫、螨、蜱和虱均有很强的驱杀作用。每千克体重0.2克，口服；或每千克体重0.3～0.4克，肌内注射，可杀灭体内外寄生虫。

④灭螨灵：为拟除虫菊酯类药，用于防治羊体外寄生虫。稀释2 000倍用于药浴，1 500倍可局部涂擦。

（4）防疫用菌（疫）苗　应严格按说明书要求执行，使用前要注意其品种、数量和有效期，并注意瓶签上的使用说明。

130.如何防治羊口蹄疫？

口蹄疫是偶蹄家畜的急性传染病，山羊、绵羊都可患此病，有时还可以传染给人。

（1）临床症状　患羊发病后体温升高到40.5～41.5℃。精神不振，口腔黏膜、蹄部皮肤形成水疱，水疱破裂后形成溃疡和糜烂。病羊表现疼痛，流涎，涎液呈泡沫状。常见唇内面、齿龈、舌面及颊部黏膜（图6-8），或蹄叉、蹄冠（图6-9）处形成水疱，有的乳房红肿（图6-10）形成水疱，水疱破裂后形成瘢痕。羔羊易发生心肌炎而死亡。有时呈现出血性胃肠炎。

图6-8　口唇起疱

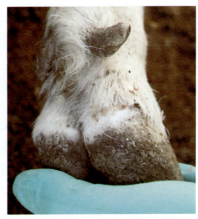

图6-9　蹄间起疱

（2）临床与羊传染性脓疱病鉴别诊断　羊传染性脓疱病发生于1周岁以下的幼龄羊，特征为口唇部出现水疱、脓疱及疣状痂，在齿龈、舌面、唇内也有脓疱或疣状痂，但不流涎。初期体温变化不大。

（3）预防

①发病后要及时上报，划定疫区，由动物检疫部门组织扑杀销毁疫区内的同群易感家畜；被污染圈舍、用具、环境严格彻底消毒；封锁疫区，禁止易感家畜及其产品运输，把病源消灭在疫区内。

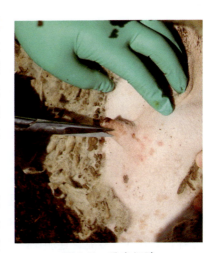

图6-10　乳房红肿

②对受威胁区的易感家畜紧急接种疫苗，防止疫病的扩散。

③该病只能预防，无治疗药物。

131. 何谓"羊三病"？如何防治？

"羊三病"是由梭状芽孢杆菌属中的微生物所致，包括羊快疫、羊肠毒血症、羊猝狙。

（1）**羊快疫临床症状** 羊发病突然，不表现症状，在放牧或早晨死亡。急性病羊表现为不愿行走，运动失调，腹围膨大，有腹痛、腹泻，磨牙，抽搐，最后衰弱昏迷，口流带血泡沫。多在数分钟至几小时内死亡，病程极为短促。

（2）**羊肠毒血症临床症状** 多数突然死亡。病程略长者分两种类型，一类以搐搦为其特征，另一类昏迷和安静死亡。前者倒地后四肢强烈划动，肌肉颤抖，眼球转动，磨牙，大量流涎，头颈抽搐，2～4小时内死亡；后者病程不急，病羊早期步态不稳，卧倒，感觉过敏，流涎，上下颌"咯咯"作响，继而昏迷，角膜反射消失，有的病羊发生腹泻，常3～4小时内安静死亡。

（3）**羊猝狙临床症状** C型产气荚膜梭菌随饲草和饮水进入羊消化道，在十二指肠和空肠内繁殖，产生毒素引起发病。病程短，未见症状突然死亡，有时病羊卧地，表现不安，衰弱或痉挛，数小时内死亡。

（4）**治疗** 由于病程短促往往来不及治疗。病程稍长者，可肌内注射青霉素，一次80万～160万单位，每天2次；或内服磺胺噻唑，每次5～6克，连服3～4次；或将10%安钠咖10毫升加于500～1 000毫升5%葡萄糖溶液中，静脉滴注；也可内服10%石灰乳，一次50～100毫升，连服1～2次。

（5）**预防** 对经常发病地区的羊定期注射羊三联苗，每只羊不论年龄大小均皮下注射5毫升，注射后14天产生可靠的免疫力。

132. 如何治疗羊传染性脓疱病（羊口疮）？

羊传染性脓疱病由传染性脓疱病毒感染羔羊而引起发病，多群发，特征为口唇处皮肤和黏膜形成丘疹、脓疱、溃疡和结成疣状厚痂。

（1）临床症状　分三种类型，唇型、蹄型和外阴型。

①唇型：口唇部、鼻部形成丘疹、脓疱（图6-11），破溃后呈黄色或棕色疣状硬痂，无继发感染1~2周痊愈，痂块脱落，皮肤新生肉芽不留瘢痕。严重者颜面、眼睑、耳郭、唇内面、齿龈、颊部、舌及软腭黏膜有灰白或浅黄色的脓疱和烂斑，这时体温升高，还可能在肺脏（图6-12）、肝脏和乳房发生转移性病灶，继发肺炎或败血症而死亡。

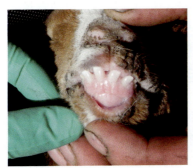

图6-11　羊口唇脓疱

图6-12　病羊肺脏表面出血

②蹄型：多数单蹄叉、蹄冠、系部形成脓疱。

③外阴型：少见。

（2）临床与羊痘鉴别诊断　羊痘的疱疹多为全身性，而且病羊体温升高，全身反应严重。痘疹结节呈圆形突出于皮肤表面，界限明显，似脐状（图6-13）。

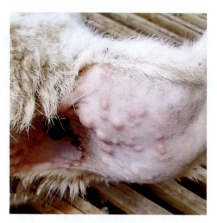

图6-13 羊　痘

（3）治疗　先用0.1%高锰酸钾溶液冲洗患部，去净痂垢，然后涂红霉素软膏或碘甘油，每天2次。对于不能吮乳的病羔，应加强护理，进行人工哺乳（将母羊乳挤入干净的杯内，用消毒过的兽用注射器去掉针头，吸取羊乳滴入病羔口内）。

133. 如何防治羊小反刍兽疫？

羊小反刍兽疫也称羊瘟、假性牛瘟，是由小反刍兽疫病毒引起羊以发热、口炎、腹泻、肺炎为特征的一种急性接触性传染病。我国多地曾发生羊小反刍兽疫疫情，给养羊生产造成很大威胁。

（1）临床症状　山羊临床症状较典型，绵羊症状一般较轻微。病羊突然发热，发热的第2～3天体温达40～42℃，病羊死亡多集中在发热后期。发热症状出现后，病羊口腔黏膜轻度充血，继而出现糜烂（图6-14）。病初有水样鼻液，此后形成大量的黏脓性卡他样鼻液（图6-15），阻塞鼻孔造成病羊呼吸困难，鼻内膜发生坏死。眼流分泌物，出现结膜炎。多数病羊发生严重腹泻（图6-16），造成迅速脱水和体重下降。妊娠母羊可发生流产。

图6-14 病羊口腔糜烂

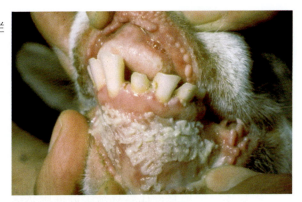

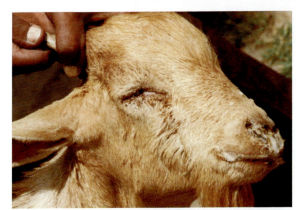

图6-15 病羊口鼻分泌
　　　　黏脓性鼻液

图6-16 病羊腹泻

（2）预防

①加强免疫工作：该病疫苗免疫效果较好，免疫时应注意羊群的健康状况，新购进羊群必须隔离观察，确保羊群健康时方可免疫。

②加强饲养管理：外来人员和车辆进场前应彻底消毒，严禁从疫区引进羊，对外来羊尤其是来源于活羊交易市场的羊，调入后必须隔离观察21天以上，经检查确认健康无病，方可混群饲养。

③强化疫情巡查：注意观察羊群健康状况，发现疑似病羊应立即隔离，限制其移动，并及时向当地兽医部门报告。对病死羊严格实行无害化处理，禁止出售、加工病死羊。

134.如何防治羊布鲁氏菌病？

布鲁氏菌病是羊的一种慢性传染病，主要侵害生殖系统。羊感染后，以母羊发生流产和公羊发生睾丸炎为特征。

多数病例为隐性感染。妊娠羊主要症状是发生流产，但不是必然的。流产发生在妊娠后的3～4个月。有时患病羊

视频10

发生关节炎和滑液囊炎而致跛行。公羊发生睾丸炎。少部分病羊发生角膜炎和支气管炎。

本病常不表现症状，而首先被注意到的症状是流产。母羊流产前食欲减退、口渴、精神委顿，阴道流出黄色黏液。流产多发生于妊娠后的3～4个月（图6-17）。流产母羊多数胎衣不下（图6-18），继发子宫内膜炎，影响受胎。公羊表现睾丸炎、睾丸肿大（图6-19），行走困难，拱背，饮食减少，逐渐消瘦，失去配种能力。其他症状可能还有乳腺炎、支气管炎、关节炎等。

目前，本病尚无特效的治疗药物，只有加强预防检疫。

图6-17　流产后的死胎

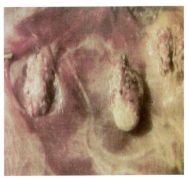

图6-18　病羊胎衣

图6-19　病羊睾丸肿大

①定期检疫：羔羊每年断乳后进行一次布鲁氏菌病检疫。成年羊两年检疫一次或每年预防接种而不检疫。对检出的阳性羊要扑杀处理，不能进行治疗。

②免疫接种：当年新生羔羊通过检疫呈阴性的，用羊布鲁氏菌病活疫苗饮服或注射，羊不分大小每只饮服500亿个活菌。疫苗注射，每只羊100亿个活菌，肌内注射。

羊群受感染后无治疗价值，发病后用试管凝集反应或平板凝集反应进行羊群检疫，发现阳性和可疑反应的羊均应及时隔离，以淘汰屠宰为宜，严禁与假定健康羊接触。必须对污染的用具和场所进行彻底消毒，流产胎儿、胎衣、羊水和产道分泌物应深埋。凝集反应阴性羊用布鲁氏菌猪型2号弱毒疫苗或羊型5号弱毒疫苗进行免疫接种。

135. 如何治疗羊腹泻？

羊腹泻一般是由于饲养管理不当引起的，如食用变质或含有化学物质的饲草，环境和气候的突然变化，病毒、寄生虫和细菌感染等。

（1）**消化不良或突然感冒引起的腹泻** 病羊体温一般不高，其所排稀粪中常有未消化的草料残留，粪便酸臭，病羊仍保持一定的食欲。治疗方法：可口服平胃散30～40克，每天1次，连服3～4天；或口服青皮散粉。

（2）**肠胃寄生虫引起的腹泻** 病羊的体温一般不升高，腹泻时轻时重，采食和饮水基本正常，粪便中常可发现蠕虫。治疗方法：停止饲喂1～2天，或减少饲喂量，并给予少量优质干草自由采食，同时在饮水中加入5～10克食盐。

（3）**采食霉变饲料引起的腹泻** 病羊体温不升高或略有升高，腹泻严重程度随霉变饲料的采食量以及季节、肉羊品种的不同而有所区别。治疗方法：立即停止饲喂霉变饲料，口服清理胃肠道、帮助消化的药物，每天1次。

（4）**由传染性细菌或病毒引起的腹泻** 病羊体温升高，精神不振，食欲不振或废绝，粪便发臭且常含有黏液，病情一般较重。治疗方法：将抗菌药物配成浓缩液饲喂或输液，每天早晚各1次，对体弱病羊静脉滴注5%糖盐水300～500毫升，5%碳酸氢钠30～60毫升，连用3～5天。也可以用中药治疗，如口服玉瑾散或三黄加三白散，每天1剂。

136. 如何治疗羊烂嘴病？

羊烂嘴病是由大分子病毒引起的一种传染病，以羊口腔病变为主要特征。该病传染迅速，多发于冬春季，长途运输时易发生。该病的死亡率极低，但危害性很大。

治疗方法：采用冰硼散涂于病羊患处，每天2次，2～3天即可痊愈。

137. 如何防治羊流产？

(1) 用已有的可用于控制的传染病疫苗，严格定期按疫苗使用说明书进行接种，控制由传染病引起的羊死亡和流产。

(2) 采用驱虫药物，如阿维菌素、伊维菌素、丙硫咪唑等，春秋季定期给羊驱虫，控制和降低羊体内外寄生虫的危害。

(3) 对流产母羊及时使用抗菌消炎药品。对疑似病羊的分泌物、排泄物及被污染的土壤、场地、圈舍、用具和饲养人员衣物等进行灭菌处理。

(4) 加强饲养管理，控制由管理不当如拥挤、缺水、采食毒草和冰冻饲草、饮冷水、受寒等因素诱发的流产。

(5) 驱虫后将粪便堆积，进行生物发酵。

(6) 在四季加强放牧的情况下抓好夏秋膘，特别是加强冬春季管理。

(7) 实行科学分群放牧，对产羔母羊、羔羊和公羊及时按照要求进行补饲，制定冬春季补饲标准。母羊妊娠后期补饲标准要高于妊娠前期。对补饲羊做到定时定量，不补喂霉变的饲草、饲料。

(8) 圈舍要清洁卫生、阳光充足、通风良好。入冬后不再清除粪便，经羊踩踏形成"暖炕"，春秋之交时清粪出圈。冬春季每天清扫圈内、卧盘上的废弃草秸和羊的掉毛。定期进行棚圈消毒，防止疫病传入。

（9）补喂常量元素（钙、磷、钠、钾等）和微量元素（铜、锰、锌、硫、硒等）。

（10）坚持自繁自养，对进出羊场的羊按兽医规程检疫，避免把疫病带入或带出。特别对引进羊要隔离观察，确认无病者方可放入群内。不从疫区购买草料及其他物品。

（11）采用灭活疫苗进行免疫注射。

138. 怎样治疗母羊胎衣不下？

胎衣不下以母羊分娩后胎衣滞留不下为主要特征。

治疗方法：每千克体重使用缩宫素0.6单位，皮下注射。16分钟后，用镊子夹着胎衣轻轻拉拽，胎衣即可脱下。

139. 如何治疗羊异食癖？

异食癖以病羊吞食木片、塑料袋、墙土等为主要特征。

治疗方法：每千克体重使用钙片0.4片、复合维生素B 0.4片、鱼肝油0.4粒，每天2次，连用3天。

140. 怎样防治羔羊腹泻和羔羊肺炎？

（1）羔羊腹泻　该病由多种病原微生物引起，其中主要是大肠杆菌、产气荚膜梭菌、沙门氏菌、轮状病毒、牛腹泻病毒等。该病一般发生于7日龄内羔羊，以2～4日龄羔羊发病率最高。

治疗方法：①口服土霉素、链霉素各0.125～0.25克，也可再加乳酶生1片，每天2次。②肌内注射痢菌净，每次1～2毫升，

注射2次即可。③口服杨树花煎剂、增效泻痢宁、维迪康，对病毒引起的腹泻疗效较好。

（2）羔羊肺炎　该病由肺炎球菌和羊支原体引起。多发生于冬末春初昼夜温差大的季节，并多见于瘦弱母羊所产的羔羊。由温带转入寒带饲养的羊所产的羔羊发病率也较高。

预防方法：在发病严重地区，给母羊和2月龄以上的幼龄羊注射羊肺炎支原体灭活疫苗2~3毫升。

治疗方法：①胸腔（在倒数第6~8肋间，背部向下4~5厘米处进针，深1~2厘米）注射青霉素、链霉素各10万~20万单位，每天2次，连用3~4天。②肌内注射磺胺嘧啶，每天2次，每次2~3毫升，连用3~4天。③口服或注射支原净、泰乐霉素，每千克体重用药45毫升，每天1次，连用6天。

141. 如何防治羊尿石症？

尿石症是泌尿系统各部位结石病的总称，是泌尿系统的常见病。病羊因为饮水不足，大量排汗，或大量饲喂富含磷的精饲料、块根饲料而引起发病。

防治方法：①提供充足清洁的饮水。②在饲料中添加氯化氨延缓磷、镁盐类沉积。③保证饲料中钙、磷比例为2∶1。④用利尿剂乌洛托品或克尿塞帮助排石。⑤用青霉素、链霉素防止尿路感染。⑥中草药治疗。

七、

羊场经营管理

142. 如何让羊卖个好价钱？

（1）遵循市场规律，养殖适销对路的产品　一是随着人们生产水平的提高，对羊肉的需求会增加，消费总量面临上升。日常消费的肉类中，羊肉属于高品质的肉产品，随着消费者收入水平的提高其消费量也会增加。二是随着羊肉需求结构的调整，高品质、高档次羊肉的需求量会显著增加。在羊肉生产经营中，要适时调整生产方向，采用标准化的生产手段，生产市场需要的高档羊肉。

（2）健康养殖，生产放心食品　一是树立羊肉生产的质量安全意识，要有大局观，要从保障消费者的身体健康出发，生产"放心肉"；二是消除投机心理，树立诚信典范，通过生产消费者放心的肉品，与产品的销售者、消费者建立起长期的信任关系，构建永久性产品销售链；三是坚持标准化生产，按产品生产规程组织和安排每项工作，投放符合要求的饲料，抵制不安全饲料添加剂的使用，生产优质羊肉；四是积极接受监管，给自己生产的羊肉产品建立信息档案，提供羊肉产品的质量可追溯条件，把好产品的市场准入关；五是增加投资，提高技术装备水平，有效控

制养殖过程，增强抵御自然灾害的能力，保证羊肉的品质；六是加大宣传，主动传播生产环境、生产标准及生产监督和产品质量检测等方面的信息，让消费者能够直观判断产品的质量和品质，放心地消费羊肉产品。

(3) **延伸产业链，增加产品附加值** 打造现代肉羊产业链条，转变生产发展方式，提升产业发展效率，确保农民持续增收，延伸肉羊产业链，增加产品附加值：①通过羊肉加工增值。活羊屠宰后出售的收益高于活羊出售，羊肉加工后的收入高于羊肉的收入，通过力所能及的加工手段使羊肉以不同的产品形态销售，实现产品的增值。②合作生产增值。可以与加工企业、超市、餐厅等通过合同的形式形成固定的定点生产关系，按合同组织生产，减少生产的盲目性和风险，增加产业收益。③转变销售方式，增加产品的产值。可进行直销，将具有质量优势或品牌优势的肉羊产品直接以配送的方式送到消费者手中，或者通过网上销售的方式，使产品以较高的价格实现销售。

(4) **实施品牌战略，打造过硬品牌** 随着社会生产力、市场经济的发展和科技的创新，我国人民的生活水平有了显著的提高，绝大多数消费者的需求已从一般意义上的物质需求转向了精神需求。人们逐渐从关心商品的质量、价格转变为关心品牌。以产品的品牌来彰显产品的档次和消费者的消费水准。羊肉产品是同质化较强的产品，一般消费者很难直观地区分产品的品质，加之多层次的产品销售渠道和无差别的生产者营销手段，消费者对相差无几的产品很难形成一定的偏好，无差别的消费在所难免。所以，要紧跟消费者的需求变化，悉心打造自己的品牌，以满足消费者的个性化需求。

(5) **整合销售渠道，实施深度销售** 深度销售的关键是让消费者和渠道商对你的产品和品牌心动。所以要从顾客的利益诉求出发，研究消费者需要什么样的产品，要让顾客参与企业的营销管理，给顾客提供良好关怀，与顾客建立长期的合作伙伴关系，通过人性化的沟通，使产品品牌根植于消费者的心中，保持顾客长久的品牌忠诚度。

143. 如何做好电商销售？

电商可以省去商品流通的中间环节，是生产厂商直接对接消费者的经营模式，常见的淘宝、天猫等都是如此。做好电商销售应注意以下几点：

（1）电商销售员要以强烈的责任心和事业心对待本职工作，以销售为工作的重心，稳步扎实地推进工作进程，以高效完成各项工作任务。

（2）电商销售员要真诚和友善地对待每位客户，以认真和勤恳的态度来对待本职工作，达成对客户的承诺，以不断培养客户的信任度。

（3）电商销售员要不断收集整理客户资料，建立客户信息数据库，定期拜访客户，针对存在的问题不断与客户进行交涉。

144. 如何实施品牌战略，打造过硬品牌？

打造品牌指通过一整套科学的方法，从品牌的基础入手，对品牌的创立、成长、管理、扩张、保护等进行流程化、系统化的科学运作。

（1）品牌打造的基本步骤　一是明确产品理念和准确的市场定位。要明确自己准备生产什么样的产品，其产品属于什么档次，有哪些消费人群，与其他产品的差别及自身的优势。二是要明确产品以什么样的风格和形象来面对消费者。三是要考虑采用什么样的营销手段，如何扩大产品在一定区域或特定消费者中的影响

力。四是要考虑品牌的延伸和产品种类的拓展。五要注重品牌管理和品牌维护工作，在产品销售的各个流程中保持产品理念和风格的一致性，不能偏离。

(2) 打造过硬的品牌　打造过硬品牌的核心是使品牌能长盛不衰，这需要该品牌具有一定的实力。一是品牌代表产品的质量，是产品质优的保证，购买者直接以品牌作为考查产品质量的基本特征；二是品牌个性特征明显，它的外形、内涵、气质、个性等代表一定的文化内涵，如民勤县以苏武牧羊的历史来印证当地养羊业悠久的历史传承；三是具有独特的风格，这是与其他同类产品的核心区别，表明产品在成分、品质、功能或者区域上具有独特性；四是主题鲜明，能以合理的广告方式取得公众的信赖，要传播正能量，与一定的社会公益事业相结合，通过高识别度的活动增强社会影响，形成良好的口碑。

145. 常见的肉羊销售渠道有哪些？

肉羊销售渠道主要有合同销售、活羊交易市场、肉类制品加工厂、羊贩子、经纪人品牌、羊肉连锁专卖店、大型超市、网络销售等。

146. 什么是合同销售？

合同销售是商业活动中应用非常广泛的一种销售方式，其在肉羊销售中广泛应用。但肉羊产业有其特殊性，要在尊重产业发展规律的基础上签订合同。一是肉羊产品是一种鲜活产品，不易保存和长距离运输，需要及时销售和采用特定的运输方式。二是要重视养殖报酬的问题，该出栏时要及时出栏，否则不仅增加饲养成本，也会使产品的品质下降。三是羊肉品质不是简单地以成分构成来表示，与生产区域、季节、环境及生产方式等有关，所以在羊肉品质的判定上存在一定的困难。销售合同的签订和履行往往会影响生产者的直接收益，所以合同的签订一定要慎之又慎。在签订销售合同时要注意以下问题：

（1）应注意对货物的信息进行明确约定　在肉羊销售合同中，作为供应方，应注意对供货基本信息进行准确、详细地约定：①肉羊的类型、品种等表述应完整规范，不要用简称。②用双方都能认可的技术指标来标明产品的规格，如销售的是羊羔还是成年育肥羊，是冷藏羊肉还是冷鲜羊肉等。③供货的数量要清楚、准确，计量单位应规范。

（2）应注意对货物的质量标准进行明确约定　作为羊肉的提供者，应根据自身生产情况及产品特性明确约定质量标准：①如果是参照国家、行业相关标准，双方应充分理解标准的含义，明确标准的名称。②如果是参照某企业标准，该企业标准应已依法备案。③凭样品买卖的，双方应对样品进行封存，并可以对样品的质量予以说明。④双方对货物质量有特殊要求的，也应在合同中予以明确。

（3）应注意对货款的支付方式进行明确约定　作为供货方，应特别注意在销售合同中对需方货款支付时间、金额（应明确是否为含税价）进行明确约定。建议在合同中约定需方支付一定金额预付款或定金后才予以发货，或者在合同中约定供方收到需方支付的全部货款后发货，防范不必要的风险。

（4）应注意对质量检验的时限进行明确约定　羊肉属于动物性产品，自身会发生一定的生物反应，不同时间的货物具有不同的质量表现，所以要在销售合同中对需方产品检验时间进行限制规定，即在限定时间内如需方未提出质量问题，则视为检验合格。同时建议需方要留有样品，以解决双方不可预见的质量纠纷。

（5）应注意对违约责任进行明确约定　特别需要约定延期付

款责任，要根据供货情况对需方货款的支付进程、期限等进行必要的控制，以视情况追究违约责任并降低风险。对于违约金的数额不应过高亦不宜过低，过高可能会被仲裁机构或法院变更，过低则不利于约束购买人。

(6) 其他约定　根据货物实际情况对产品包装的要求、包装物回收、运输方式及费用承担、装卸货责任、商业秘密保守、诉讼管辖地等进行约定，以降低合同履行风险。

147. 什么是农民专业合作社？为什么要兴办农民专业合作社？

农民专业合作社是在农村家庭承包经营基础上，同类农产品的生产经营者或者同类农业生产经营服务的提供者、利用者，自愿联合、民主管理的互助性经济组织。

农民专业合作社以其成员为主要服务对象，提供农业生产资料购买、农产品销售、加工、运输、储藏及与农业生产经营有关的技术、信息等服务。

合作，就是由于同样的需求，一群人聚集起来，共同去做一件事。由于合作，人多力量大，可以做比一个人单打独斗时更多的事，也更容易把事情做好。我国农村实行家庭承包经营，在一家一户的生产经营形式下，农民面对市场出售农产品、购买生产资料、寻求技术服务，由于量小且分散，产品售价相对低，生产资料购买价格相对高，享受技术服务相对难，增收困难。要改变这种状况，扩大生产经经营规模是通常的选择。但是，家家户户都要通过扩大土地经营规模来发展生产，显然不现实。因此，农民以合作的方式：生产、销售同样的产品，联合采购生产资料和技术服务，通过合作来形成相对大的生产经营规模，提高自己讨价还价的能力，提高产品销售价格，降低生产资料采购价格，更方便地获得技术服务，从而增加收入。这是兴办农民专业合作社的根本原因所在。

归纳起来农民参加合作社有以下好处：

（1）实行标准化生产，保障农产品质量安全，提高产品品质，以更优质的产品获得更好的效益。

（2）享受更广泛更优质的技术服务、市场营销和信息服务。

（3）便于农民更直接有效地享受国家对农业、农村和农民的扶持政策。

（4）提高农民的市场竞争能力和谈判地位。

现在，国家高度重视发挥农民专业合作社在促进农民增收、发展农业生产和农村经济中的作用，为了支持、引导农民专业合作社的发展，2006年10月31日十届全国人大常委会第二十四次会议通过了《中华人民共和国农民专业合作社法》简称《农民专业合作社法》，并于2007年7月1日起施行。

农民专业合作社注册登记并取得法人资格后，即获得了法律认可的独立的民商事主体地位，从而具备法人的权利能力和行为能力，可以在日常运行中，依法以自己的名义登记财产（如申请自己的字号、商标或者专利）、从事经济活动（与其他市场主体订立合同）、参加诉讼和仲裁活动，并且可以依法享受国家对合作社的财政、金融和税收等方面的扶持政策。

148. 设立农民专业合作社应当具备哪些条件？

我国《农民专业合作社法》规定了农民专业合作社的成立应具备下列条件：

（1）有五名以上符合本法第十九条（具有民事行为能力的公民，以及从事与农民专业合作社业务直接有关的生产经营活动的

企业、事业单位或者社会团体，能够利用农民专业合作社提供的服务，承认并遵守农民专业合作社章程，履行章程规定的入社手续的，可以成为农民专业合作社的成员。但是，具有管理公共事务职能的单位不得加入农民专业合作社。农民专业合作社应当置备成员名册，并报登记机关)、第二十条（农民专业合作社的成员中，农民至少应当占成员总数的80%。成员总数20人以下的，可以有一个企业、事业单位或者社会团体成员；成员总数超过20人的，企业、事业单位和社会团体成员不得超过成员总数的5%）规定的成员。

(2) 有符合本法规定的章程。

(3) 有符合本法规定的组织机构。

(4) 有符合法律、行政法规规定的名称和章程确定的住所。

(5) 有符合章程规定的成员出资。

149. 农民专业合作社申办条件和流程是什么？

随着国家对农业的扶持力度越来越大，农民专业合作社发展也越来越快，开办合作社的需求也越来越多，但是很多人并不知道申请农民专业合作社的具体条件及详细流程，在此进行简单介绍。但各地区的规定可能稍有不同，具体情况应咨询当地的相关部门。

设立农民专业合作社，应当向市场监督管理局提交下列文件，申请设立登记：

(1) 登记申请书。

(2) 全体设立人签名、盖章的设立大会纪要。

(3) 全体设立人签名、盖章的章程。

(4) 法定代表人、理事的任职文件及身份证明。

(5) 出资成员签名、盖章的出资清单。

（6）住所使用证明。

（7）法律、行政法规规定的其他文件。

登记机关应当自受理登记申请之日起20天内办理完毕，向符合登记条件的申请者颁发营业执照。

农民专业合作社法定登记事项变更的，应当申请变更登记。

农民专业合作社登记办法由国务院规定。办理登记不得收取费用。

其他条件：

（1）具有民事行为能力的公民，以及从事与农民专业合作社业务直接有关的生产经营活动的企业、事业单位或者社会团体，能够利用农民专业合作社提供的服务，承认并遵守农民专业合作社章程，履行章程规定的入社手续的，可以成为农民专业合作社的成员。但是，具有管理公共事务职能的单位不得加入农民专业合作社。

（2）农民专业合作社应当置备成员名册，并报登记机关。

（3）农民专业合作社的成员中，农民至少应当占成员总数的80%。

（4）成员总数20人以下的，可以有一个企业、事业单位或者社会团体成员；成员总数超过20人的，企业、事业单位和社会团体成员不得超过成员总数的5%。

设立农民专业合作社，注册资金不用验资，涉及工商、公安、税务、质监、银行等多个部门。办理农民专业合作社有六个步骤：

第一，市场监督管理局设立登记，提交材料：

（1）设立登记申请书。

（2）全体设立人（最少5个人，80%是农业户口）签名、盖章的设立大会纪要。

（3）全体设立人签名盖章的章程。

（4）法定代表人、理事的任职文件和身份证明。

（5）全体出资成员签名、盖章予以确认的出资清单。

（6）法定代表人签署的成员名册和成员身份证明复印件。

（7）住所使用证明。

（8）指定代表或者委托代理人的证明。

（9）合作社名称预先核准申请书。

（10）业务范围涉及前置许可的文件。不收任何费用。

第二，公安部定制刻章，提交材料：合作社法人营业执照复印件、法人代表身份证复印件、经办人身份证复印件。

第三，质量技术监督局办理组织机构代码证，提交材料：

（1）合作社法人营业执照副本原件及复印件一份。

（2）合作社法人代表及经办人身份证原件及复印件一份。

（3）如受他人委托代办的，须持有委托单位出具的代办委托书面证明。收费内容：每证108元，正本每份10元，副本每份8元；技术服务费90元。

第四，国家、地方税务局申领税务登记证，提交材料：

（1）法人营业执照副本原件及复印件一份。

（2）组织机构统一代码证书副本原件及复印件。

（3）法定代表人（负责人）居民身份证或者其他证明身份的合法证件复印件。

（4）经营场所房屋产权证书复印件。

（5）成立章程或协议书复印件。免收税务登记工本费。

（6）成立章程或者协议书复印件。免收税务登记工本费。

第五，办理银行开户和账号，提交材料：

（1）法人营业执照正、副本及其复印件。

（2）组织机构代码证书正、副本及其复印件。

（3）合作社法定代表人的身份证及其复印件。

（4）经办人员身份证原件、相关授权文件。

（5）税务登记证正副本及其复印件。

（6）合作社公章和财务专用章及其法人代表名章。不收费。

第六，当地农经主管部门备案，提交材料：

（1）法人营业执照复印件。

（2）组织机构代码证书复印件。

（3）合作社法定代表人的身份证复印件。

（4）税务登记证正、副本复印件。

150. 家庭农场和农民专业合作社有什么区别？

家庭农场和农民专业合作社是近几年逐步兴起的农业经济发展组织，家庭农场和农民专业合作社在定义、类型、特征和职能方面都有区别。

（1）**定义**　家庭农场是以家庭成员为主要劳动力（与国有农场、资本农场等相区别），从事农业规模化、集约化、商品化生产经营，并以农业收入为家庭主要收入来源的生产组织。

农民专业合作社是在农村家庭承包经营基础上，同类农产品的生产经营者或者同类农业生产经营服务的提供者、利用者，自愿联合、民主管理的互助性经济组织。

这里需要强调的是，家庭农场是生产组织，发展生产是家庭农场的主要任务。农民专业合作社是互助性经济组织，帮助家庭农场发展生产，做好产前、产中、产后服务是农民专业合作社的主要任务。

（2）**类型**　2016年中央1号文件提出积极培育家庭农场、专业大户、农民专业合作社、农业产业化龙头企业等新型农业经营主体。也就是说，我国的新型经营主体包括种养殖大户、家庭农场、农民专业合作社和农业产业化企业。因此，家庭农场、农民专业合作社是新型经营主体的不同类型。

（3）**特征**　家庭农场有四大特征：①以家庭成员为主要劳动

力；②适度规模种养殖；③以农业收入为家庭主要收入来源；④符合其他各省申报标准。

农民专业合作社有六大特征：①至少要有5名以上农户发起成立，农民成员至少占80%以上，成员没有上限，可以跨地区发展社员；②对土地规模没有要求，但要有营业场所和注册资金；③农民入社自愿，退社自由，实行民主管理；④主要针对社员开展业务；⑤合作社业务包括农资及农产品的销售、运输、储藏、加工等；⑥在县级以上市场监督管理局登记注册，取得营业执照。

（4）职能 家庭农场适宜农业生产，主要以种养业为主，很难延伸产业链至农产品加工业及前期的产品研发。

农民专业合作社从事的可以是生产、加工、流通、服务业务，甚至可以涉及内部的金融业务，是一种侧重于资源整合的组织形式。

151. 如何进行羊场的经济核算和财务管理？

（1）经济核算 经济核算是商品生产的客观要求，养羊是一种以经济效益为中心的商品生产，羊场的经济核算既有利于提高生产场的经济效益和经营管理水平，也有利于促进新技术、新成果的应用，同时可反映和监督计划、预算、合同的执行情况，保护和监督羊场财产和物资的安全、完整和合理利用。羊场经济核算的具体内容有：资金使用核算（资金核算）生产消耗核算（成本核算）、生产成果核算和财务成果核算。其中以成本核算为中心。

①资金核算：包括固定资金和流动资金核算，即流动资金周转率、固定资金利用率、产值资金率等的核算。固定资金是指应用到固定资产上的、能够多次参加生产过程、逐步被消耗并逐渐得到补偿的经营资金。加强固定资金的核算，有利于挖掘潜力、提高利用率、延长使用年限、降低生产成本。肉羊场应在保证完

成任务的前提下，尽可能减少固定资金的占用量，以节约投资。对流动资金进行核算，有利于加速资金周转，促进生产发展，提高经济效益。加速流动资金周转的主要方法是改善采购工作、合理储备、防止积压生产物资；采取各种措施缩短生产周期，加快羊群周转，节约物资消耗；缩短销售时间，减少资金占用量。

②成本核算：是对羊场原材料供应过程、生产过程和销售过程中各项费用支出和实际成本形成所进行的会计核算，其中生产成本核算是重点。做好成本核算对改善经营管理有重要意义，因为只有这样，才能监督和考核生产费用执行情况，具体掌握产品成本的构成，分析产品成本的升降原因，从而及时采取措施，挖掘成本的潜力。养羊场成本核算的内容有：羊饲养成本、断奶羔羊活重单位成本、羔羊和育肥羊增重单位成本等。

（2）**财务管理**　财务管理是肉羊场有关筹集、分配、使用资金（或经费）及处理财务关系方面的管理工作的总称。实践证明，制订财务计划是做好财务管理的一个重要环节。财务计划是在生产计划的基础上进行的，它是从财务方面保证生产计划实施的重要措施，也是肉羊场一切财务活动的纲领，制订时应贯彻增产节约、勤俭办场的方针，遵循既充分挖掘各个方面的潜力，又注意留有余地的原则，并与生产计划相衔接。财务管理的日常工作主要是通过会计工作和物资保管工作进行的。但在整个羊场几乎每个部门的人员都可能涉及或参与财务管理工作。因此，贯彻民主理财的原则，充分调动财务专业工作人员和全体职工的积极作用，才能把财务管理工作做好。

（3）**羊场经济活动分析**　经济活动分析是根据经济核算所反映的生产情况，对肉羊场的产品产量、劳动生产率、羊群及其他生产资料的利用情况、饲料等物资供应程度、生产成本等情况，经常进行全面系统的分析，检查生产计划完成情况及影响计划完成的各种有利因素和不利因素，对羊场的经济活动做出正确

的评价，并在此基础上制定下一阶段保证完成和超额完成生产任务的措施。对于独立核算的羊场，应当每年至少进行一次经济活动分析。

经济活动分析的常用方法是根据核算资料，以生产计划为起点，对经济活动的各个部分进行分析研究。首先是检查本年度计划完成情况，比较本年度与上年度同期的生产结果，检查生产的增长及其措施；比较本年度和历年度的生产结果等，然后查明造成本年度生产高低的原因，制定今后的措施。经济活动分析的主要项目有畜群结构、饲料消耗（包括定额、饲料利用率和饲料日粮）、劳动力利用情况（包括配置情况、利用率和劳动生产率）、资金利用情况、产品率状况（主要是指繁殖率、产羔数、成活率、日增重、饲料转化率等技术指标）、产品成本分析和羊场盈亏状况等。

刁其玉, 2009. 肉羊饲养实用技术 [M]. 北京: 中国农业科学技术出版社.

马友记, 李发弟, 2011. 中国养羊业现状与发展趋势分析 [J]. 中国畜牧杂志, 47(14): 16-20.

马友记, 2009. 甘肃河西走廊肉羊产业发展情况典型调查报告 [J]. 中国羊业进展: 68-71.

马友记, 2013. 绵羊高效繁殖理论与实践 [M]. 兰州: 甘肃科学技术出版社.

马友记, 2014. 甘肃河西走廊地区肉羊养殖规模的探讨 [J]. 中国羊业进展: 52-54.

马友记, 2016. 北方养羊新技术 [M]. 北京: 化学工业出版社.

马友记, 2014. 关于推进中国肉羊全混合日粮饲喂技术的思考 [J]. 家畜生态学报, 32(4): 9-12.

马友记, 2013. 我国绵、山羊育种工作的回顾与思考 [J]. 畜牧兽医杂志, 32(5): 26-28.

全国畜牧总站, 2012. 肉羊标准化养殖技术图册 [M]. 北京: 中国农业科学技术出版社.

任和平, 2014. 现代羊场兽医手册 [M]. 2 版. 北京: 中国农业出版社.

荣威恒, 刘永斌, 金海, 等, 2009. 肉羊技术 100 问 [M]. 北京: 中国农业出版社.

桑润滋, 2002. 动物繁殖生物技术 [M]. 北京: 中国农业出版社.

田树军, 王宗仪, 胡万川, 2004. 养羊与羊病防治 [M]. 北京: 中国农业大学出版社.

王金文, 2008.绵羊肥羔生产 [M].北京:中国农业大学出版社.

王士权,王文义,常倩,2015.中国肉羊主产区比较优势分析[J].中国畜牧杂志,51(22): 3-9.

张红平,2013.绵羊标准化规模养殖技术图册 [M].北京:中国农业出版社.

张居农,2014.高效养羊综合配套新技术 [M].2版.北京:中国农业出版社.

赵有璋,2007.羊生产学[M].北京:中国农业出版社.

赵有璋,2012.肉羊高效养殖之策 [J].农村养殖技术,16(3):8.

赵有璋,2015.国内外养羊业发展趋势、问题和对策[J].现代畜牧兽医,43(9):63-68.

赵有璋,2016.中国肉羊业现状和发展趋势[J].新农业,45(8):22-23.

郑玉姝、魏刚才,李艳芬,2015.零起点学办肉羊养殖场[M].北京:化学工业出版社.

图书在版编目（CIP）数据

肉羊高效养殖问答一本通/马友记主编．—北京：中国农业出版社，2024.1
（视频图文学养殖丛书）
ISBN 978-7-109-31753-6

Ⅰ.①肉…　Ⅱ.①马…　Ⅲ.①肉用羊-饲养管理-问题解答　Ⅳ.①S826.9-44

中国国家版本馆CIP数据核字（2024）第045588号

中国农业出版社出版
地址：北京市朝阳区麦子店街18号楼
邮编：100125
责任编辑：王森鹤　周晓艳　武旭峰
版式设计：杨　婧　责任校对：吴丽婷　责任印制：王　宏
印刷：北京缤索印刷有限公司
版次：2024年1月第1版
印次：2024年1月北京第1次印刷
发行：新华书店北京发行所
开本：880mm×1230mm　1/32
印张：7
字数：181千字
定价：45.00元